改訂2版

プロの「引き出し」を増やす

HTML
＋CSS
コーディングの強化書

草野あけみ 著

エムディエヌコーポレーション

©2024 Akemi Kusano. All rights reserved.

本書は著作権法上の保護を受けています。著作権者、株式会社エムディエヌコーポレーションとの書面による
同意なしに、本書の一部或いは全部を無断で複写・複製、転記・転載することは禁止されています。

本書に掲載した会社名、プログラム名、システム名、サービス名等は一般に各社の商標または登録商標です。
本文中では™、®は必ずしも明記していません。

本書は2024年7月現在の情報を元に執筆されたものです。これ以降の仕様等の変更によっては、記載された
内容（技術情報、固有名詞、URL、参考書籍など）と事実が異なる場合があります。本書をご利用の結果生じ
た不都合や損害について、著作権者及び出版社はいかなる責任を負いません。あらかじめご了承ください。

はじめに

　本書はHTMLとCSSをひと通り習得し、Web制作の現場で働きはじめて間もない駆け出しの方、あるいはこれからWeb業界での就職・独立を目指してもっと実務レベルに近い勉強をしたい方に向けて、コーディング分野の実力アップのため、様々な引き出しを増やしていただけるよう執筆しました。最初の出版から3年が経ち、多くの方が本書で学んでご高評いただいたおかげで、このたび改訂版を出版させていただく運びとなりました。

　この3年でWeb制作を取り巻く環境は大きく変化しました。コーディング実務環境においてはIE11がサポート終了となり、モダンブラウザを基準に技術選定できるようになったことで、これまでよりも便利な機能・新しい機能を積極的に活用することができるようになった点が、特に大きな変化といえます。今回の改訂2版では、主にこの点を踏まえて同じ教材でも、利用する技術の選定を時代に合わせて更新することにしました。

　一方でコーディング・マークアップに求められるベーシックな知識・技能が根本的に変わるわけではないので、レベル感や構成などは改訂前と基本的には変えていません。1冊を通して小さな課題をたくさんこなす中で、実務で自然と遭遇するような少し難しい課題についても自力で解決する力をつけられるよう構成していますので、コーディングに苦手意識がある人ほどコツコツと小さな課題を積み上げて学んでみてください。

　また、コーディングに限らず技術を学ぶ場合はアウトプットが非常に重要です。本書では現在、制作の現場に身を置いていなくても学んだことを実務に近い形でアウトプットできるよう、各CHAPTERの末尾に各自で取り組むための練習問題EXERCISEも用意しています。書籍を読み進めるだけでなく、ぜひ実際に手を動かして自力でのコーディングにチャレンジしてみてください。そうすることでインプットした知識が着実に身につき、確実に力がついてくるはずです。

　本書を通して、1人でも多くの方が現場で自信を持って活躍できる力がつけられることを願っています。

2024年7月
草野あけみ

CONTENTS

はじめに ——————————————————————— 003

本書の使い方／本書のダウンロードデータ ——————— 006

INTRODUCTION　事前準備と前提知識 ————————————— 008

CHAPTER 1　基本レイアウト ————————— 013

LESSON　01　一番簡単なレスポンシブ ———————————— 014

LESSON　02　メディアクエリで段組み切り替え ——————— 033

LESSON　03　要素の横並びと左右中央揃え ————————— 043

LESSON　04　基本のカード型レイアウト ——————————— 057

LESSON　05　3つのレイアウト手法とその使い分け ————— 071

EXERCISE　01　レスポンシブコーディングの基本をマスター ——— 085

CHAPTER 2　応用レイアウト ————————— 089

LESSON　06　アスペクト比固定ボックス ——————————— 090

LESSON　07　カード型レイアウト —————————————— 098

LESSON　08　市松レイアウト ————————————————— 110

LESSON　09　背景色エリア —————————————————— 122

LESSON　10　ブロークングリッドレイアウト —————————— 135

EXERCISE　02　レスポンシブコーディングの応用をマスター ——— 153

CHAPTER 3 表組み・フォーム —————————— 157

LESSON 11 表組みのレスポンシブ対応 ————————— 158
LESSON 12 フォーム部品の実装 ———————————— 169
LESSON 13 入力フォームのレイアウト —————————— 195
EXERCISE 03 表組み・フォームをマスター ————————— 202

CHAPTER 4 CSS設計 ————————————————— 207

LESSON 14 CSS設計とは ————————————————— 208
LESSON 15 ヘッダーの設計を考える ———————————— 222
LESSON 16 カード型一覧の設計を考える ——————————— 229
LESSON 17 ボタンの設計を考える ————————————— 239
LESSON 18 見出しの設計を考える ————————————— 256
LESSON 19 余白の設計を考える —————————————— 267
EXERCISE 04 CSS設計にチャレンジしてみよう ——————— 286

CHAPTER 5 マークアップ ——————————————— 289

LESSON 20 マークアップの役割 —————————————— 290
LESSON 21 アクセシビリティに配慮したマークアップ ————— 296
LESSON 22 WAI-ARIA によるスクリーンリーダー対応 ———— 311
EXERCISE 05 アクセシビリティに配慮したマークアップをマスター —— 336

CHAPTER 6 総合演習 ————————————————— 339

LESSON 23 オリジナルサイトを構築する —————————— 340

用語索引 ——————————————————————————— 355
著者プロフィール ——————————————————————— 359

本書の使い方

本書は、HTML・CSSの基本を習得した方が、次のステップとして実践的なコーディングスキルを習得することを目的に、HTML・CSSのコーディングについて解説したものです。
本書の構成は以下のようになっています。

LESSON レッスンページ

各テーマに応じたサンプルデータをもとに、コーディングの考え方や方法を解説しています。

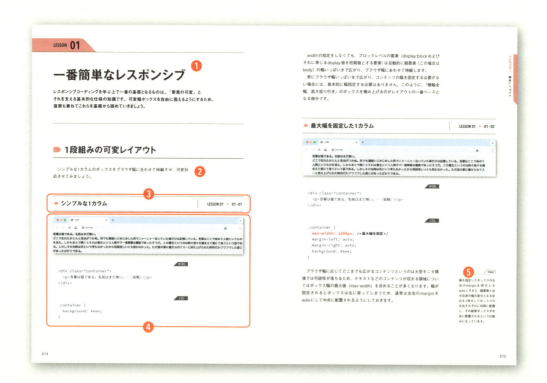

❶ 記事テーマ
LESSON番号とテーマタイトルを示しています。

❷ 解説文
記事テーマの解説文。文章中の重要部分は太字で示しています。

❹ ソースコード＋図版
サンプルデータのHTML・CSSのソースコードや、Webブラウザに表示した状態などを掲載しています。

❸ サンプルのテーマと収録フォルダ
学習用サンプルのテーマと、該当のサンプルデータを収録しているフォルダ名を示しています。

❺ Word／Point／Memo
用語説明や実制作で知っておくと役立つ内容を補足的に載せています。

EXERCISE　エクササイズページ

　各章で学んだことをベースに、章の「まとめ」としてコーディングの実践練習を行います。
サンプルデータの完成形や仕様、制作手順などをヒントに、制作現場の実作業に近い感覚で、実際にコーディングにチャレンジしていただくパートです。ソースコードの詳細は掲載していませんので、コーディングが完成した状態はサンプルデータでご確認ください。

❶ テーマ
制作するサンプルのテーマタイトルを示しています。

❷ 完成レイアウト
コーディング後の完成した状態を示しています。

❸ 仕様や制作手順
サンプルのデザイン仕様やポイント、制作手順などを掲載しています。

本書のダウンロードデータ　｜　DOWNLOAD

本書の解説で使用しているHTML・CSSファイルなどは、下記のURLからダウンロードしていただけます。
（期間限定の購入者特典データについても、下記のURLを参照ください。）

https://books.mdn.co.jp/down/3224303002/

【注意事項】
・弊社Webサイトからダウンロードできるサンプルデータは、本書の解説内容をご理解いただくために、ご自身で試される場合にのみ使用できる参照用データです。その他の用途での使用や配布などは一切できませんので、あらかじめご了承ください。
・弊社Webサイトからダウンロードできるサンプルデータの著作権は、それぞれの制作者に帰属します。
・弊社Webサイトからダウンロードできるサンプルデータを実行した結果については、著者および株式会社エムディエヌコーポレーションは一切の責任を負いかねます。お客様の責任においてご利用ください。
・本書に掲載されているHTML・CSSなどの改行位置などは、紙面掲載用として加工していることがあります。ダウンロードしたサンプルデータとは異なる場合がありますので、あらかじめご了承ください。

INTRODUCTION

事前準備と前提知識

▶ エディタの準備

学習するにあたってエディタはWeb開発用にコードカラーリングが可能なものであれば何でもかまいませんが、特にこだわりがないのであれば近年のWeb開発現場でシェアNo1であるMicrosoft社のVisual Studio Code（VSCode）を使用することを推奨しておきます。

インストール直後はメニューなどすべて英語となっていますので、日本語環境にしたい場合は日本語の言語パックをインストールして日本語化しておきましょう。

日本語化の手順

❶ Visual Studio Code を開く

❷ メニューから［View］-［Command Palette］を選択

❸［Configure Display Language］を選択

❹［Install Additional Laugage］を選択

❺ サイドバーから［Japanese Language Pack for Visual Studio Code］を探して［Install］ボタンをクリック

❻ 右下に出るポップアップウィザードで［Restart Now］をクリック

再起動が完了すればメニューなどが日本語化されます。

> **Memo**
>
> VSCodeのダウンロード：
> https://azure.microsoft.
> com/ja-jp/products/
> visual-studio-code/

▶ レスポンシブ用の雛形HTML

HTMLの雛形について

すべてのサンプルはVSCodeのEmmetが書き出すHTMLの基本雛形に沿って作成されています。

解説用のサンプルデータは用意してありますので基本的にご自身でHTML
を書いていただく必要はありませんが、自分で一から書きたい場合には最低
限以下の記述は含めるようにしてください（なおこのコードはVSCodeで新
規ファイルを拡張子htmlで作成・保存したのち、「html:5」と入力してタブ
キーを押すと自動的に展開されます）。

`HTML`

```html
<!DOCTYPE html>
<html lang="ja">
<head>
  <meta charset="UTF-8">
  <meta name="viewport" content="width=device-width, initial-scale=1.0">
  <title>Document</title>
</head>
<body>

</body>
</html>
```

viewportについて

　レスポンシブ用の雛形として一番重要なのは「viewport」の記述です。

`HTML`

```html
<meta name="viewport" content="width=device-width, initial-scale=1.0">
```

　viewportの記述がないと多くのスマートフォン用ブラウザは画面幅を
980px相当とみなして表示しようとします。物理的には375pxとか360px
しかない画面に980px相当の領域を確保するのですから、レイアウトとして
はPC向けのものがそのまま縮小表示されることになります。viewportの設
定で width=device-width と指定することではじめてデバイスの物理的な幅
に合わせて表示させることが可能となるため、この一文がないとレスポンシ
ブ表示となりませんので注意してください。

➡ レスポンシブ用のベースCSS

リセットCSS

　本書はごく初歩的なものから段階を追ってレスポンシブコーディングを学
べるように構成してありますが、あくまで実務ベースで活用することを目的
としていますので、最初から「リセットCSS」を読み込ませた状態でCSSを
記述する前提となっています。

リセットCSSは

❶ブラウザ間の初期値の違いやバグを吸収して表示を統一する
❷各要素の初期値を必要に応じて変更してコーディングしやすくする

といったことを目的としており、HTML5 Doctor、Normalize.css、sanitize.css、ress.css、modern-css-reset など様々なものが存在していますが、本書においては必要最小限の設定のみを施したクセのないオリジナルのリセットCSSを使用しています。なおサンプルによって若干内容が異なる場合がありますのでご了承ください。

box-sizingの設定について

本書のサンプルで使用しているリセットCSSでは、すべての要素のbox-sizingの値をborder-boxに設定しています。

これにより、widthやheightのサイズ計算時にborder, paddingを除くような面倒な計算をしなくても済むようになります。ただしこれはあくまでリセットCSSですべての要素をborder-boxに指定しているから可能なことであり、CSSの初期値の設定ではないことに注意をしてください。

本書では基礎的なCSSは学習済みである読者を対象としていますので、本編ではボックスモデル仕様の解説はしておりません。知識が曖昧な方は以下の解説であらかじめ理解しておくようにしておいてください。

ボックスモデルとbox-sizingの関係

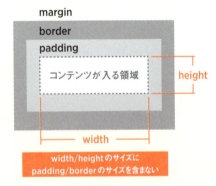
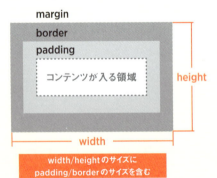

padding, borderを除いた純粋なコンテンツ領域のことをcontent-box、padding, borderも含めたボックスの可視領域全体のことをborder-boxと呼びます。初期状態では各要素（ボックス）のサイズであるwidth, heightはcontent-boxのサイズで計算されますが、box-sizingの値をborder-boxに変更することで、width, heightのサイズ計算対象をborder-box領域に変更することができます。

/ Memo

marginとborderを除いたpaddingまでの領域は「padding-box」と呼ばれます。ただしbox-sizingの値として設定することはできません。

/ Memo

box-sizingの値がどちらになっているかでボックスのサイズ計算方法が変わるため、自分が用意したのではないリセットCSSを利用する際には、必ずこの点を確認しておくようにする必要があります。

▶ 本書の学習用サンプルデータ

　本書では、学習用のサンプルデータをご用意しています。サンプルデータはエムディエヌコーポレーションのWebサイトからダウンロード可能です。ダウンロードURLはP.7を参照してください。

　サンプルデータは下記のようなディレクトリ構成になっています。

※サンプルデータは、本書の解説内容をご理解いただくために、ご自身で試される場合にのみ使用できる参照用データです。その他の用途での使用や配布などは一切できませんので、あらかじめご了承ください。

▶ 各LESSONのサンプルデータ

```
LESSON
├─ LESSON01
│  ├─ 01-01
│  │  ├─ 1-01.css
│  │  ├─ 1-01.html
│  │  └─ reset.css、imgファイルなど
│  ├─ 01-02
│  └─ 01-03
⋮
└─ LESSON23
   1_Deisgn-Comp
   2_Gazou
   3_Kaihatsu
   4_Kansei
```

※LESSON23のみ総合演習となるため、他のLESSONとディレクトリ構成が異なります。

▶ 各EXERCISEのサンプルデータ

```
EXERCISE
├─ EXERCISE01
│  ├─ 1_design
│  │  ├─ EXERCISE01.fig ⋯ [Figmaファイル]
│  │  └─ EXERCISE01.xd ⋯ [XDファイル]
│  ├─ 2_working ⋯⋯⋯⋯ [作業用ファイル]
│  └─ 3_completed ⋯⋯⋯ [完成ファイル]
├─ EXERCISE02
├─ EXERCISE03
├─ EXERCISE04
└─ EXERCISE05
```

※作業ファイルと完成ファイルのファイル構成は各EXERCISEを参照ください。

▶ デザインカンプ

　Chapter1〜5の章末にあるEXERCISE、および本書全体のまとめとなるLESSON23の総合演習で使用するデザインカンプデータは、XD・Figmaの2つのデータ形式で配布しています。XDまたはFigmaを利用する上での**アカウント作成とアプリケーションのインストールは各自で済ませておいてください。**

　XDはカンプデータ（.xdファイル）をダブルクリックすれば、そのままアプリケーションが起動してファイルの中身を確認することができますが、Figmaの場合はサンプルデータ内の.figファイルをダブルクリックしただけでは中身を確認することができません。

Figmaで作業を進めたい方は、次の手順で.figファイルをインポートしてください。

❶ファイルブラウザ画面の右上にある「新規作成」から「インポート」を選択

※Figmaの無料プラン（スターター）を使用している場合、開けるファイル数が3つまでという制限があるため、「下書き」にインポートするようにしてください。
※ファイルブラウザの「下書き」の画面に、.figファイルをドラッグ＆ドロップすることでもインポート可能です。

❷「コンピュータからインポート」で、読み込みたい.figファイルを選択

❸インポートが完了したら下書きの一覧からダブルクリックで開く

CHAPTER

1

基本レイアウト

Basic Layout

Chapter1では、レスポンシブレイアウトの基礎となる「可変レイアウト」「メディアクエリ」「単位」「主要なレイアウト手法の仕組み」などを、簡単なサンプルを通して一通り学んでいきます。CSSの初歩的な仕様の解説はしていませんが、特にレスポンシブでコーディングする際に重要と思われるポイントについては重点的に解説していますので、しっかり理解しておくようにしましょう。

LESSON 01

一番簡単なレスポンシブ

レスポンシブコーディングを学ぶ上で一番の基礎となるものは、「要素の可変」と
それを支える基本的な仕様の知識です。可変幅ボックスを自由に扱えるようにするため、
復習も兼ねてこれらを基礎から固めていきましょう。

▶ 1段組みの可変レイアウト

　シンプルな1カラムのボックスをブラウザ幅に合わせて伸縮させ、可変対
応させてみましょう。

▶ シンプルな1カラム　　　　　　　　　　　　　　　LESSON 01 ▶ 01-01

HTML
```html
<div class="container">
    <p>吾輩は猫である。名前はまだ無い。…（省略）</p>
</div>
```

CSS
```css
.container {
  background: #eee;
}
```

widthの指定をしなくても、ブロックレベルの要素（display:blockおよびそれに準じるdisplay値を初期値とする要素）は自動的に親要素（この場合はbody）の幅いっぱいまで広がり、ブラウザ幅にあわせて伸縮します。
　常にブラウザ幅いっぱいまで広がり、コンテンツの幅を固定する必要がない場合には、基本的に幅指定する必要はありません。このように、「横幅全幅、高さ成り行き」のボックスを積み上げるのがレイアウトの一番ベースとなる部分です。

▶ 最大幅を固定した1カラム　　　　　　　　　LESSON 01 ▶ 01-02

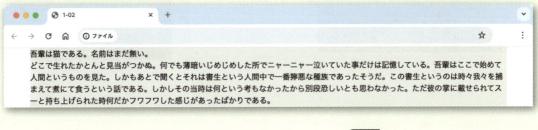

HTML
```
<div class="container">
    <p>吾輩は猫である。名前はまだ無い。…（省略）</p>
</div>
```

CSS
```
.container {
    max-width: 1000px;  /*最大幅を固定*/
    margin-left: auto;
    margin-right: auto;
    background: #eee;
}
```

　ブラウザ幅に応じてどこまでも広がるコンテンツというのは大型モニタ環境では可読性が落ちるため、テキストなどのコンテンツが収まる領域についてはボックス幅の最大値（max-width）を決めることが多くなります。幅が固定されるとボックスは左に寄ってしまうため、通常は左右のmarginをautoにして中央に配置されるようにしておきます。

Point
幅を指定したボックスの左右のmarginを両方ともautoにすると、親要素と自分自身の幅の差分となる余白を2等分してボックスの左右それぞれに均等に配置し、その結果ボックスが中央に配置されるという仕組みになっています。

画像のフルードイメージ化

LESSON 01　01-03

HTML

```
<div class="container">
    <p>吾輩は猫である。名前はまだ無い。…（省略）</p>
    <figure><img src="pic01.jpg" width="640" height="480" alt="九十九里浜" loading="lazy"></figure>
</div>
```

CSS

```
.container {
    〜省略〜
}
/*画像のフルード化*/
img {
    max-width: 100%;
    height: auto;  /*画像のアスペクト比（縦横比）を維持するための指定*/
}
```

ボックスやテキスト類は何もしなくても標準で可変幅となりますが、画像は明示的に幅が可変となるように設定する必要があります。方法は次の2種類です。

❶ width: 100%;
❷ max-width: 100%;

Word

フルードイメージ

「フルード」とは fluid（液体）という意味です。液体のように容器の大きさに合わせて変化する画像、というイメージでつけられた名称になります。

width:100%でフルード化した場合は、画像自体の物理的な幅を超えて親要素の幅いっぱいまで広がります。max-width:100%とした場合は、画像自体の物理的な幅を最大値としてそれ以上は広がらず、自分より親要素の幅が狭くなった場合には親要素幅に合わせて縮小するという挙動になります。どちらがよいかはデザインの性質や素材提供の事情などで一概には言えませんので、どちらか一方の指定をリセットCSSに加えておき、選択しなかったほうは別途classで上書きできるようにしておくとよいでしょう。

なお画像のフルード化をする際には **height: auto** を明示しておかないと伸縮時に画像のアスペクト比（縦横比）がおかしくなってしまうので、必ずセットで指定する必要があります。

多段組みの可変レイアウト

2カラム以上の段組みをレスポンシブで作る場合には、各カラムのwidthを％などの相対単位で指定します。段組みを作る仕組みはfloat、flex、gridなど多数ありますが、どれを使うかは用途の問題であり、本質的には「相対単位で指定する」という点がポイントとなります。

％で作るシンプルな2カラム

LESSON 01　01-04

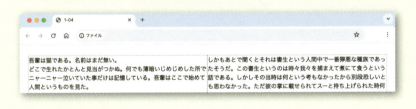

HTML
```
<div class="row">
  <div class="col2"><p> 吾輩は猫である。名前はまだ無い。…（省略）</p></div>
  <div class="col2"><p> しかもあとで聞くとそれは書生とい…（省略）</p></div>
</div>
```

CSS
```
.row {
  display: flex;
}
```

```css
.col2 {
  width: 50%;
  border: 1px dashed #999;
}
```

　一番基本の相対単位は「%」となります。%は**親要素のcontent-boxサイズを基準**（**=100%**）とし、自分自身のサイズの割合を算出します。単純に1/2、1/3、1/4とする場合は50%、33.3333%、25%、といった具合に指定すればよいので特に難しいことはありません。ただし、子要素の%幅の合計が100%を超えるとカラム落ちする場合があるので注意して下さい。

/Memo

リセットCSSの段階ですべての要素のbox-sizingがborder-boxに設定されているため、本書のサンプルではボックスのサイズ計算の際にborderやpaddingのサイズを考慮する必要はありません。

▶ 指定のpxサイズから%サイズを計算する　　　LESSON 01 ▶ 01-05

親要素:幅640px

吾輩は猫である。名前はまだ無い。どこで生れたかとんと見当がつかぬ。何でも薄暗いじめじめした所でニャーニャー泣いていた事だけは記憶している。吾輩はここで始めて人間というものを見た。

子要素:幅300px

段間 40px

しかもあとで聞くとそれは書生という人間中で一番獰悪な種族であったそうだ。この書生というのは時々我々を捕まえて煮て食うという話である。しかしその当時は何という考もなかったから別段恐しいとも思わなかった。ただ彼の掌に載せられてスーと持ち上げられた時何だかフワフワした感じがあったばかりである。

子要素:幅300px

CSS

```css
.row {
  display: flex;
  justify-content: space-between;
  max-width: 640px;
  margin: 0 auto;
  outline: 1px dashed #999;

}
.col2 {
  width: calc((300 / 640) * 100%); /*46.875%*/
  background: #e7e7e7;
}
```

実務においては、最初から切りのいい数字で％指定できるケースばかりではありません。実際にはデザインカンプで静的にデザインされたものを元に、同一比率で可変レイアウトに変換する必要があることのほうが多いでしょう。
　計算式は単純で以下のようになります。

> ［子要素のサイズ］÷［親要素のcontent-boxサイズ］×100%

――／ Point

calc()

calc() は CSS の値に計算式（四則演算）を使用することができる便利な関数です。異なる単位の値同士を計算できるため、レスポンシブコーディングでは欠かせないものとなっています。
例：width: calc((100% - 40px) / 2);
　　※全体の幅（100%）から40px分の固定値を除いた残りのサイズを1/2に分割する
　　※式を整理して width: calc(50% - 20px) としてもよい

Memo

サンプル01-05ではカンプ上のpx値を％に変換するために何をしているのかわかりやすくするために％算出式をそのままcalc()を使って記述していますが、自分で計算したりSassのmixinなどで計算済みの値を直接指定してももちろんかまいません。

CHAPTER 1　基本レイアウト

➡ 親要素にpaddingがついている場合

LESSON 01 ● 01-06

```
.row {
  display: flex;
  justify-content: space-between;
  max-width: 640px; /*padding左右20pxずつを含んだサイズ*/
  margin: 0 auto;
  padding: 20px;
  outline: 1px dashed #999;
}
```

pxサイズ	
親	640px （padding: 20pxを含む）
子	290px
段間	20px

019

```
.col2 {
  width: calc((290 / 600) * 100%); /*48.3333%*/
  background: #e7e7e7;
}
```

　親要素にpaddingがある場合、子要素の％計算の基準となる領域はpadding を除いた**純粋なコンテンツ領域（=content-box）のサイズ**を使用します。サンプル01-06のcalc()で、分母が640ではなく600になっているのはそのためです。デザインカンプを元にpxサイズを算出する際には、paddingサイズが何pxで、content-boxのサイズが何pxになるのかを厳密に計算した上で％値を算出する必要があります。

　掲載したサンプルは非常に簡略化されたものですが、基本的にレスポンシブでのレイアウトは、このような細かい計算の積み重ねになります。

　特にグリッドに沿っていない自由でグラフィカルなデザインが施されたものなどは、地道にpxを％やその他の相対単位に変換して可変レイアウト化することになりますので、どのようなデザインが来てもCSSのボックスモデル仕様に当てはめてサイズ計算ができるようにしておきましょう。

> **Memo**
>
> content-box は padding と border を除いたコンテンツ領域のことなので、親要素にborderがついている場合はそのサイズも除外する必要があります。

様々な単位とその特徴

　CSSでは様々な単位を使用します。

　ここではよく使う単位の特徴と、主な活用シーンを見ていきましょう。

　各単位を使った事例はサンプルソースの「Lesson01/01-07」にまとめているので、実際のコードと挙動についてはそちらも参照してください。

> **Memo**
>
> 単位ごとに
> - 何を表す単位なのか？
> - どんなメリットやデメリットがあるのか？
> - 代表的な用途は何か？
>
> を把握しておきましょう。

▶ px（ピクセル）

　スクリーンの1ピクセルの長さを1とした単位です。レスポンシブサイトであっても固定サイズで表示したい箇所全般に広く使用されますが、文字サイズに指定した場合、ブラウザの文字サイズ変更機能が効かなくなるというユーザビリティ的な問題が生じます。

px指定のイメージ

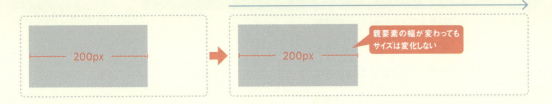

用途：固定サイズで表示したい箇所

▶ ％（パーセント）

　割合を表す単位です。幅、高さ、余白、位置などのサイズを親要素を基準として相対的な割合で指定し、ブラウザ幅が変動しても指定した割合を維持したまま伸縮する状態を作ることができます。可変レイアウトを作る場合の主要な単位となりますが、

- 適用するプロパティによって親要素の何のサイズを基準とするのかが微妙に異なる
- 要素が入れ子になっている場合は計算が複雑になる可能性がある

　といったクセがあるので、どこのサイズを基準として％値を算出しているのかよく考えて使用する必要があります。

％指定のイメージ

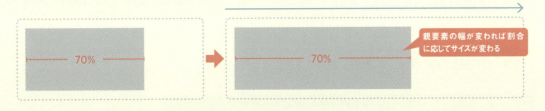

用途：親要素のサイズに比例して変化するようにしたい箇所

% 対象のプロパティと算出基準となるサイズ

対象のプロパティ	基準となるサイズ
width	親要素のcontent-boxの横幅
height	親要素のcontent-boxの縦幅
margin・padding	親要素のcontent-boxの横幅（※上下左右とも横幅を基準とします）
left・right	親要素のpadding-boxの横幅
top・bottom	親要素のpadding-boxの縦幅
font-size	親要素に指定・継承されたフォントサイズ（※挙動としてはemと同じ）

> **Memo**
>
> ボックスモデル概念図は
> p.10を参照してください。

▶ em（エム）

　親要素に指定・継承されている文字サイズ（大文字Mの高さ＝全角1文字分）を基準とした単位です。その時々の文字サイズに連動して変動するようなサイズ指定をしたい場合に重宝する単位ですが、emは親要素の文字サイズを基準としているため、em指定の要素が入れ子になった場合は計算が複雑になるので注意が必要です。

em指定のイメージ

font-size: **20px** = **1em**

その時の文字サイズに応じてサイズが決まる

font-size: **30px** = **1em**

1em
情に棹させば流される。智に働けば角が立つ。どこへ越しても住みにくい

→

1em
情に棹させば流される。智に働け

用途：その時々の文字サイズに連動したサイズ指定をしたい箇所

主な活用事例

・本文の字下げ
・一行の高さ（行送り）
・リンクやボタンのテキストに付随するアイコン類

▶ rem（レム）

　ルート要素（html要素）で指定されている文字サイズを基準とした単位です。多くのブラウザでルートの標準文字サイズは16pxに設定されているため、何もしなければ1rem=16pxとして計算されます。

　常にルート要素の文字サイズを参照してサイズ計算され、ブラウザ幅が変動したり要素が入れ子になったりしても常に一定の固定値で表示されるため、一見するとpx指定したのと同じように見えますが、remはブラウザの設定で文字サイズだけ変更する機能を無効にしないという大きな違いがあります。

rem指定のイメージ

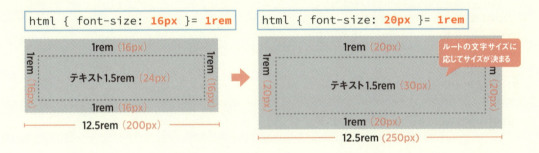

用途：ブラウザの文字サイズ変更機能を生かしたまま、固定サイズで表示したい箇所

主な活用事例
- font-sizeにpxの代わりに使用することで、ブラウザの文字サイズ変更機能を阻害しないようにする
- paddingやmarginなどに使用することで、ブラウザの文字サイズ変更機能を使われた場合でも文字と余白のデザインバランスを担保できるようにする

Memo
widthやheightにremを使う場合は、文字サイズが変更された場合にレイアウトが破綻しないかよく確認する必要があります。

▶ vw・vh（ブイダブリュー・ブイエイチ）

　ビューポートサイズを基準とした単位です。100vwでviewportの幅いっぱい、100vhでviewportの高さいっぱいを表します。親要素ではなく、どの階層からでも常にビューポート（ブラウザ）のサイズを基準とするため、％よりも相対サイズ指定が容易になるメリットがあります。

vw,vh 指定のイメージ

用途：viewportサイズに連動してシームレスに伸縮させたい箇所

主な活用事例
・ファーストビュー全体を覆うようなボックスを実装する
・縦横比率を維持したボックスを実装する
・テキストをブラウザ幅に応じてなめらかに伸縮させる

▶ vmin・vmax（ブイミン・ブイマックス）

縦横回転するデバイスなどにおいて、縦横いずれか短い方のviewportサイズを基準とするのがvmin、長い方のviewportサイズを基準とするのがvmaxです。

vminvmax

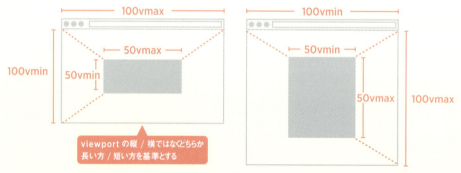

用途：viewportの短い方／長い方のサイズに連動してシームレスに伸縮させたい箇所

➡ その他の新しいviewport単位

iPhoneのアドレスバーなど、動的に変化するユーザーエージェント（User Agent：UA）のviewportをどのように判定するかを厳密に定義した新しいviewport単位も登場しています。多くの場合は既存のviewport単位でも問題ありませんが、動的に変化するUAの状態に応じて基準とするviewportの範囲を厳密に定義したい場合にはこれらの利用も検討しましょう。

- Large Viewport（lvw, lvh, lvmin, lvmax）
- Small Viewport（svw, svh, svmin, svmax）
- Dinamic Viewport（dvw, dvh, dvmin, dvmax）

viewportサイズ

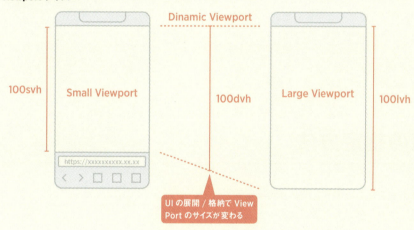

用途：動的に変化するUAを考慮したviewportを基準としてサイズ設定したい箇所

line-height

　1行の高さ（行送り）を表すline-heightの値には、通常1.5とか1.8といったような形で**単位をつけない倍数**で指定します。この場合は基本的に1.5em、1.8emのように「em」で指定されたものと同様に解釈されますが、単位をつけてしまうと**親要素で計算された行の高さ（font-size × line-height）が子要素の行の高さにも継承されてしまう仕様**となっています

　例えば親要素のfont-sizeが16px・line-heightが1emとすると計算された行の高さは16pxとなりますが、仮に子要素の一部にfont-size: 32pxと指定してもその箇所の行の高さは16pxのままで、結果として行の高さより文字サイズのほうが大き

い状態となるため、一部のブラウザでは行の高さからはみ出した分の表示が切れてしまう問題が発生してしまうのです。

　この現象は％など他の単位でline-heightを指定した場合も同様です。単位をつけない倍数で指定した場合は子要素の文字サイズが変更されたら改めて子要素自身の文字サイズを使って行の高さが再計算されますので、文字の一部が切れてしまうような不具合は発生しません。

　このような仕様があるため、line-heightの値だけは例外的に単位をつけないのが定石となっています。

▶ 新しい値の指定方法

　CSSには値を動的に算出するための便利な関数が色々用意されています。

　代表的なものはcalc()ですが、他にも複数の値の中から最大値・最小値になるものを自動的に選択して設定することができる**比較関数**と呼ばれるものもあり、うまく使うとメディアクエリを使って複雑に記述しなくてはならなかったものを簡単に記述できるようになります。

　比較関数はすべてのモダンブラウザで実装済みですので、実務においても積極的に利用していくとよいでしょう。

▶ min()

　min()関数は画面幅に応じて動的に変化する値に対してあらかじめ**最大値を設定**する時に使います。

```
width: min(50%, 800px);
※親要素の50%で伸縮するが、800px以上にはならないようにする
```

これは

```
width: 50%;
max-width: 800px;
```

と書いたものと同じ挙動ですが、1行で書けるというメリットがあります。また、marginやpaddingなど、最大値を指定するプロパティが存在しない場合でもメディアクエリなしで最大値の設定ができるため、そうした場面で特に恩恵を受けることができます。

▶ max()

max()関数は画面幅に応じて動的に変化する値に対してあらかじめ**最小値を設定**する時に使います。

```
width: max(50%, 300px);
※親要素の50%で伸縮するが、300px以下にはならないようにする
```

これは

```
width: 50%;
min-width: 300px;
```

と書いたものと同じ挙動であり、そのメリットもmin()関数と同じです。

▶ clamp()

clamp()関数は画面幅に応じて動的に変化する値に対してあらかじめ**最小値・最大値ともに設定**しておく時に使います。

```
width: clamp(150px, 50%, 800px);
※親要素の50%で伸縮するが、150px以下、800px以上にはならないようにする
```

これは

```
width: 50%;
min-width: 150px;
max-width: 800px;
```

と書いたものと同じ挙動です。clamp()関数は特に見出しなどのテキスト
をvwで指定して画面幅に応じて動的に拡大縮小させる際、最小値・最大値
を設定しておきたいような場面で特に威力を発揮します。

```
font-size: clamp(18px, 2.8vw, 36px);
※最小18px、最大36pxの間で画面幅に応じて伸縮するようにする
```

font-sizeの指定で使う単位

Twitterなどで定期的に「font-sizeはpx指定かrem指定か？」「rem指定する際にルートのfont-sizeを62.5%に指定するか？」という議論が盛り上がることがあります。

結論から言えば、「メリット・デメリットを把握した上での判断ならどちらでもよい」ということなのですが、ここでは筆者の考えを簡単にまとめておきます。

font-sizeはpx指定か、rem指定か？

どちらがユーザーにとってよりよい指定方法かと問われたら、「rem」であると言えます。理由は簡単で、font-sizeにpx指定を使うと、ブラウザの設定で文字サイズを変更してもサイズを変えられなくなってしまうからです。ブラウザのズーム機能を使うとか、OSレベルで解像度を上げるなど他の手段が多数あるため、実際には文字サイズが変えられなくても致命的な問題ではないのですが、「可能な限りユーザの自由を奪わない実装」を心がけようとするなら、remで指定するほうがよい（マストではなくベター）ということになるでしょう。

ただし、remでの実装は開発効率を落とす可能性があるなどのデメリットも存在します。

remでのサイズ指定は直感的でない

font-sizeに限らずremで何かを指定しようとすると、デフォルトでは16pxが基準となります。16px = 1rem、32px = 2rem、48px = 3rem……といった具合です。しかしここで問題が発生します。

単純に16の倍数しか使わないのであればよいのですが、では10pxは？15pxは？18pxは？348pxは？……と問われてすぐにパッと答えられる人はそう多くはないでしょう。少なくとも筆者には無理です。電卓が手放せません。

これが単純にremを使う場合のハードルにな

ります。要するに「計算が面倒くさい」のです。

妥協案としてのhtml {font-size: 62.5%}

そこで考え出されたのが、もっと直感的にサクッとpxからremに数値を変換できるようにするため、ルート要素の文字サイズを62.5% = 10pxに指定してしまう手法です。こうすることで10px = 1.0rem、15px = 1.5rem、18px = 1.8rem、348px = 34.8rem といった具合に直感的にpx／remの変換ができるようになり、remの最大のデメリットである「計算の面倒臭さ」は解消されます。

また、px→remだけでなくrem→pxも誰でもひと目で直感的にわかるので、ユーザビリティの担保と開発効率の低下のトレードオフ関係を解消するための妥協案としては個人的にはアリだと思っています。特にSassなどの開発環境を導入できない、あるいは納品後には生のCSSを編集されてしまう可能性がある場合でもどうしてもremを使いたいのであれば、やはりこの方法が一番現実的なのではないでしょうか。

Sassのmixinや関数で自動計算

ルートの文字サイズを62.5%にする手法は正直ハック的なやり方で、問題がないわけでもないため、初期開発中も運用開始後もずっとSassなどの開発環境を維持できるのであれば、ルート要素の文字サイズは変更せず、px→remの自動変換をmixinや関数で作っておき、rem指定したいところではそれを使うようにするのがよいかと思います。（筆者の場合は納品後に自分の手を離れて生のCSSで運用されてしまう前提の案件がかなりあるのでなかなかこちらに踏み切れませんが）

mixinで指定する場合

```
@mixin fz($size) {
  font-size: ($size / 16) + rem;
}
//呼び出し
@include fz(12);
```

関数で指定する場合

```
//定義
@function
 fz($size) {
@return
 ($size / 16) + rem;
}
//呼び出し
font-size: fz(12);
```

※font-sizeだけではなく他の要素にも使いたい場合は、関数名をrem()など汎用的な名前にしたほうがよいでしょう。

結局は選択肢の問題

　ざっくりいうと、「ユーザビリティの担保を重視するならrem、開発効率を重視するならpx」あとはどちらを重視するのか、一方を選択した場合のデメリットをどう軽減するか、各自の環境に合わせて選択すればいい、ということになるかと思います。

　この件に関して非常によくまとまった記事がありますので、もっと深くremのメリット・デメリットを考えたい方は参照してみるとよいでしょう。

参考:「闇雲なrem信仰に物申す」
https://to.camp/lesson?v=syr7IVIVoL7ZIoPVuHps

▶ CSS変数（カスタムプロパティ）

　Webサイトのコーディングをしていると、色やサイズ、画像など、同じ値を何度も繰り返し使用することが頻繁にあります。そのような値を一括管理してメンテナンス性を高めることができる新しい機能が「**CSS変数（カスタムプロパティ）**」です。

　これまで変数による値の一括管理はSassなどのCSSプリプロセッサを利用しなければ使うことができませんでしたが、現在はネイティブCSSの機能として気軽に利用できるため、基本的な使い方を覚えておきましょう。

変数の基本的な使い方

`CSS`

```
/*カスタムプロパティ記法でCSS変数を定義*/
:root {
  --main-color: #000000;
}
```

```
/*var関数でCSS変数を呼び出し*/
.selector {
  color: var(--main-color);
}
```

CSS変数の基本的な使い方は、ハイフン2つ（--）で始まるカスタムプロパティ記法で定義し、var関数で呼び出すといういたってシンプルなものです。値にはCSSプロパティの有効な値として使用できる色コード・サイズ・画像パスなどを指定することができます。

Memo

画像パスを定義する場合は--imgSrc：url("image.png")のようにurl()関数で記述する必要があります。

CSS変数のスコープ・継承・上書き

LESSON 01 ● 01-08

（PC表示）

```
<body>
  <div class="component">デフォルトコンポーネント</div>
  <!-- テーマAのスコープ範囲 -->
  <div class="themeA">
    <div class="component">テーマA配下のコンポーネント</div>
  </div>

  <!-- テーマBのスコープ範囲 -->
  <div class="themeB">
```

```html
    <div class="component">テーマB配下のコンポーネント</div>
  </div>
</body>
```

CSS

```css
/*デフォルトのカラー定義*/
:root {
  --main-color: #cb3e3e;
  --sub-color: #f2bdbd;
}
/*テーマ別の色設定*/
.themeA {
  --sub-color: #f2bdbd;
  --sub-color: #bdbdf2;
}
.themeB {
  --main-color: #107e2b;
  --sub-color: #c9e8cf;
}
/*コンポーネントスタイル (各テーマ共通) */
.component {
        ～省略～
  color: var(--main-color);
  background-color: var(--sub-color);
  border: 1px solid var(--main-color);
}
```

　CSS変数は親から子へ継承（カスケード）されるため、ルート要素（:root）で定義しておけばHTML文書全体で使用できるグローバル変数となります。従って基本的には:rootで一括定義しておくのが一般的な使い方となります。もしサイト全体ではなく特定の領域にスコープを絞って使用したい値がある場合は、特定のセレクタ内で定義することでそのセレクタ内部だけで有効なローカル変数として使用することもできます。

　また、親要素で一度定義したCSS変数の値を、子要素の中で上書きして再定義することもできます。

　例えば同じコンポーネントでもテーマごとにメイン・サブの配色組み合わせが変わるような場合、コンポーネント側には同じCSS変数を指定しておき、実際の色はテーマのスコープごとに定義された値が適用されるといった管理の仕方も可能となります。

　CSS変数を活用すると様々な値の一括管理・一括変更が簡単にできるようになります。CSS変数はJavaScriptから動的に値を変更することも可能であり、様々な場面での活用が期待されますが、まずは最も基本的な活用方法であるWebサイトで使用する色の管理から初めてみるとよいでしょう。

LESSON 02

メディアクエリで段組み切り替え

レスポンシブで画面幅によってレイアウトを切り替えるためには、
メディアクエリ（@media）を使用します。
ここではメディアクエリを使ったレイアウト切り替え方法のパターンを学びましょう。

▶ モバイルファーストとデスクトップファースト

　レスポンシブのコーディング方法には、大きく分けるとモバイル向けのスタイルをベースとして、大きな画面向けのスタイルをmin-widthで上書きしていく方法（モバイルファースト方式）と、PC向けのスタイルをベースとして、小さな画面向けのスタイルをmax-widthで上書きしていく方法（デスクトップファースト方式）の2種類があります。
　以下にまったく同じレイアウトをそれぞれモバイルファースト/デスクトップファーストで組んだ2つの例を用意したので、コードを比較してみましょう。

（SP表示）　　　　　　　　　　　（PC表示）

HTML ※サンプル02-01,02-02共通

```html
<div class="cardList">
  <section class="cardList__item">
    <a href="#" class="card">
      <h2 class="card__ttl">見出しテキスト</h2>
      <p class="card__txt">この文章はダミーです。(省略)</p>
    </a>
  </section>
  以下同じ<section class="cardList__item">が2回続きます
</div>
```

➡ モバイルファーストでの組み方

LESSON 02 ● 02-01

CSS (レイアウト部分のみ抜粋)

```css
/* すべてのデバイス向け＋SP用のスタイル */
.cardList__item + .cardList__item {
  margin-top: 30px;
}
/* PC用のスタイル */
@media (min-width: 768px) {
  .cardList {
  display: flex;
  justify-content: space-between;
  }
  .cardList__item {
  width: calc((100% - 60px) / 3);
  }
  .cardList__item + .cardList__item {
  margin-top: 0;
  }
}
```

> ここで指定したスタイルはすべての環境向けに継承される

> 指定の画面幅以上の環境向けのスタイルを上書き指定する

> 複数のブレイクポイントをもたせる場合は「値が小さいほうから順に上書きされるように記述」する

Memo

メディアクエリの記述に関しては、従来@media screen and (min-width: 768px) {...}のようにメディアタイプ(screenやprintなどの出力先メディア)も合わせて指定するのが主流でしたが、画面上で見ているものをそのまま印刷したいという需要も多く、近年は画面幅などのメディア特性のみで条件を指定するケースも多くなっています。

▶ デスクトップファーストでの組み方

LESSON 02 ▶ 02-02

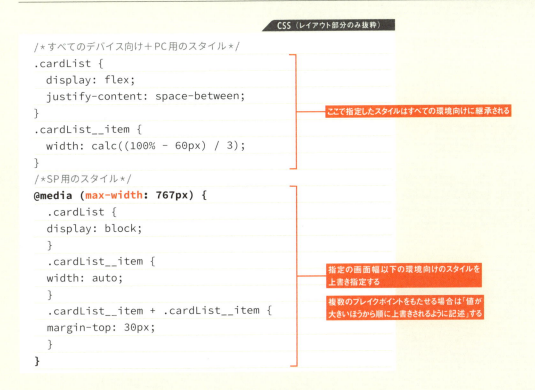

デスクトップファーストの場合、カードアイテムのwidthをモバイル用メディアクエリの中で打ち消す記述が入っています。

どちらの方式でもまったく同じ見た目を作ることはできますが、モバイルデバイスへの負荷が低く、比較的シンプルなコードで書きやすいという点で、一般的にはモバイルファースト方式が推奨されています。本書では特別な理由がない限りは原則としてモバイルファースト方式で記述していきます。

/ Memo

一般的にモバイル用のレイアウトは1カラムの縦積みとなることが多いため、カラム数の多いPC用から記述するとどうしても打ち消しが多くなる傾向があります。

▶ コンテンツ単位でブレイクポイントを変更

受託制作の現場ではデザインカンプはPC版とモバイル版の2パターンしか作られないことがほとんどであるため、実際にコーディングしてみるとブレイクポイント付近でのレイアウトの維持が難しい箇所が出てくる可能性があります。

例えばモバイル用レイアウトからPC用レイアウトに切り替わるブレイクポイントを768pxに設定した場合、768px〜900px前後の画面幅の環境では

事前に用意されているPC用レイアウトをそのまま縮小したのではレイアウトが維持できなかったり、可読性が損なわれる箇所がところどころ発生することがあります。

中間幅でのレイアウト崩れの事例

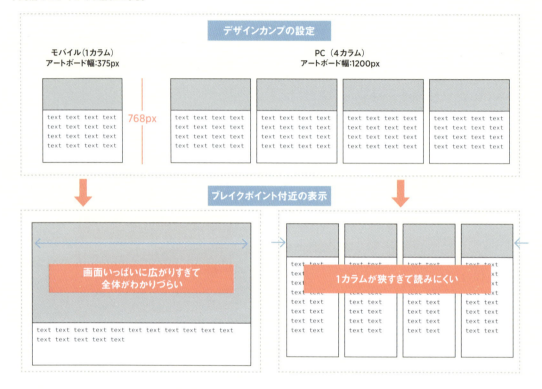

このような場合、すべての画面で中間サイズ向けのデザインを新たに作成することはあまり現実的ではないため、多くの場合はコーディングで対応することになります。

具体的には、大きくレイアウトが変わるメジャーブレイクポイントの他にいくつか**段階的にブレイクポイントをあらかじめ用意しておき**、パーツ単位で**モバイル向け・PC向けのレイアウトを切り替えるブレイクポイントを変更したり、カラム数を変更**したりするなどして対応するとよいでしょう。

ブレイクポイント設定例

small	576px	
medium	768px	☆**基本のブレイクポイント**
large	992px	
x-large	1200px	
xx-large	1400px	

/ Memo

※このブレイクポイント設定は有名なCSSフレームワーク**Bootstrap5**の値を参考にしています。
※large以上はそのサイトのPC向けレイアウトで設定されているコンテンツ幅などを参考に調整するとより柔軟な対応ができます。

では実際にコンテンツ単位でブレイクポイントを変更・追加し、レイアウトを調整してみましょう。デザインカンプ通りのレイアウトを768pxで切り替えただけの場合の、768px前後での表示はこのようになっています。

サンプル02-03（ブレイクポイント変更前）

> **Memo**
> サンプルファイルでは具体的なスタイルは設定済みなので、メディアクエリのみ変更してブラウザ幅を変更したときのページ全体のレイアウトの変化を確認してみましょう。

▶ ヘッダーだけブレイクポイントを変更

LESSON 02 ▶ 02-03

CSS

```
/*----------------------------------------
  Header
----------------------------------------*/
〜SP向けヘッダースタイル指定（省略）〜
/*for PC*/
@media (min-width: 992px) { /*768px→992pxに変更*/
  〜PC向けヘッダースタイル指定〜
}
```

今回はPC向けレイアウトに変更するブレイクポイントを768pxから992pxに変更することでヘッダーの崩れを解消しています。メニュー名が長い、メニュー数が多いなどの場合はブレイクポイントを変更してしまうのが最も手軽で確実です。逆に少しだけ余裕がない程度であれば、PC向けレイアウトのまま文字サイズや余白を小さくして対応することも可能です。

➡ コンテンツのカラム数を段階的に変更

LESSON 02 ➡ 02-03

`CSS`

```css
/*----------------------------------------
  card一覧レイアウト
----------------------------------------*/
～SP向けヘッダースタイル指定（省略）～
/*for Tab*/
@media (min-width: 768px) {
  .cardList {
  display: flex;
  flex-wrap: wrap;
  justify-content: space-between;
  margin-top: -30px;
  }
  .cardList__item {
  width: calc((100% - 30px) / 2); /*2カラムを追加*/
  }
}
/*for PC*/
@media (min-width: 992px) { /*4カラムを992px以上に変更*/
  .cardList__item {
  width: calc((100% - 60px) / 4);
  }
}
```

　モバイル向けは1カラム、PC向けは4カラムのデザインですが、カラム数が多いとどうしてもブレイクポイント前後が窮屈になるので、このような場合はブレイクポイントを増やして段階的にカラム数が変化するように実装するとよいでしょう。

サンプル 02-03（ブレイクポイント変更後）

▶ PCのみ固定レイアウト（アダプティブレイアウト）

　多くのサイトはサンプル02-03で説明したようなブレイクポイントの変更・追加でパーツ単位でレイアウトを切り替えることで対応可能なのですが、中にはどうしてもPC向けレイアウトでデザインされている最大の横幅を維持しないと可読性が損なわれる、あるいは実装コストがかかりすぎるようなケースもあります。

　そのような場合の選択肢として、

- モバイル向けレイアウトは幅100%で伸縮
- PC向けレイアウトは幅固定

とし、ブレイクポイントをまたいで2つのレイアウトを切り替える手法があります。メディアクエリでレイアウトを切り替えるものの、伸縮レイアウトと固定レイアウトを切り替えて表示するレスポンシブの方法は、「アダプティブレイアウト」と呼ばれます。

▶ PCのみ固定幅のレイアウト

LESSON 02 ● 02-04

　次のサンプルは、02-03と同じものを、モバイル用レイアウトを適用する767pxまでは幅100%での伸縮レイアウト、768px以上は幅1000pxでの固定レイアウトとしてコーディングしたものです。PC環境でブラウザ幅を狭くして、フルレスポンシブとの見え方の違いを確認しましょう。

CSS

```
/*--------------------------------------
   Layout
--------------------------------------*/
〜SP用スタイル指定（省略）〜
/*for PC*/
@media (min-width: 768px) {
  body {
    min-width: 1000px; /*横スクロール発生時に背景が途切れないように*/
  }
  .container {
    width: 1000px; /*横幅固定*/
    margin: 0 auto;
    padding: 0 15px;
  }
}
/*--------------------------------------
   Header
--------------------------------------*/
〜SP用スタイル指定（省略）〜
/*for PC*/
@media (min-width: 768px) {
  .header__inner {
    width: 1000px; /*横幅固定*/
    margin: 0 auto;
    height: 100px;
    padding: 0 15px;
  }
  〜以下省略〜
}
```

サンプル02-04（768〜999pxで横スクロールが発生している状態）

▶ PCのみ固定幅のレイアウトの問題点

LESSON 02 ▶ 02-05

　この方式は中間幅のレイアウトを考慮しなくてもよいという点で楽ではあるのですが、いくつか問題点があります。

❶ タブレット環境での横スクロール発生

　幅1000pxでレイアウトを固定していますので、当然768px〜999pxの幅に該当するタブレット環境でも横スクロールが発生してしまいます。これを防ぐためには、JavaScriptでデバイスと画面幅の判定をして、viewportそのものを固定幅のものに差し替えるといった対応が必要になります。

❷ ヘッダーなどを固定表示にした際、横スクロールせずに見切れてしまう

　ヘッダーなどをposition: fixedで固定した場合はさらに厄介な問題が発生します。サンプル02-05をブラウザで表示して、幅を狭くしてみてください。コンテンツ部分は横スクロールで閲覧できますが、固定されたヘッダーはスクロールバーが出ないため、右端に配置した要素が見切れてしまいます。

サンプル02-05（ヘッダーのみ右端が見切れている状態）

この問題を解決するには、

- PCレイアウトでのヘッダー固定をやめる
- 固定ヘッダーだけ幅100%で伸縮するように組む
- 固定されたヘッダー自体にも横スクロールバーが出るように組む（※要JavaScript）

など、いくつかの方法が考えられますので、案件ごとに対策を検討する必要があることを覚えておきましょう。

このように、レスポンシブのコーディングには単純にボックスを可変で伸縮させればよいだけではない細かい注意点がいくつもあります。静止画であるデザインカンプを見ているだけでは気付きづらいこともたくさんありますので、コーディングする際には小まめにブラウザの幅を変えてレイアウトが破綻するような箇所がないかどうか気にかけるようにしましょう。また、デザインする側も文字数が大きく変動した場合を想定して様々な文字数のサンプルを入れてデザインするようにしておくと、コーディング時の事故を未然に防ぐことにつながります。

LESSON 03

要素の横並びと左右中央揃え

レスポンシブのレイアウトの基本は、要素ブロックの縦並び／横並びを変化させて画面幅に応じたレイアウトを実装する点にあります。最も基本的なレイアウトの要望である横並びと左右中央揃えについて、基本的なCSSの仕様の説明も交えて解説していきます。

▶ display: block／inline／inline-block

まずCSSレイアウトの基本として確実に理解しておきたいのは、block／inline／inline-blockの3つのdisplayプロパティの値とその表示の特徴です。ほとんどの要素がdisplayプロパティの初期値としてこの3つのいずれかの値を持っており、制作者が何もスタイル指定をしなかった場合の要素の配置状態はこれらの値とその表示特性によって決まっています。

サンプル03-01（初期状態）

▶ 各要素の初期表示状態を確認　　　　　　　　LESSON 03 ▶ 03-01

```html
<div class="btns">
  <div class="btns__item"><a href="#" class="btn">ボタン</a></div>
  <div class="btns__item"><a href="#" class="btn">ボタン</a></div>
</div>
```

```
.btns {
  background: #e7e7e7;
}
.btns__item {
  margin: 10px;
  border: 1px dashed #999;
}
.btn {
  background: skyblue;
}
</div>
```

サンプル03-01は、横並びの2つのボタンを画面の中央に配置することを想定した場合のマークアップ例と、各要素がどのような形で画面上でレイアウトされているのかを視覚的にわかりやすくするために最低限のスタイルを設定したものです。

さて、このマークアップがなぜ初期状態でこのようにレイアウトされるのか、説明できるでしょうか？

また次のような完成形のレイアウトにしたいと思った時、どこをどう変えたら実現できるのか、パッと思いつくでしょうか？

> **Memo**
>
> 本書はすでにHTML・CSSの基礎を学んだ方を対象としていますが、もしうまく説明できない、どうしたらいいのかよくわからない、という場合はdisplayプロパティの仕様について、しっかり復習する必要があります。

完成見本

▶ display: inline　　　　　　　　LESSON 03 ▶ 03-02

まずはボタンをボタンとしての形状にするため、a要素である.btnに幅指定や余白などを指定してみましょう。すると、意図したように四角いボタン形状にはならないことがわかります。

```css
.btn {
  width: 80%;
  max-width: 300px;
  padding: 15px;
  background: skyblue;
  border-radius: 8px;
  text-align: center;
  text-decoration: none;
}
```

　これは**a要素のdisplay**プロパティの初期値が**inline**であることが原因です。この状態だとpaddingは効きますが、上下方向のmarginは無効、さらに最大の特徴として**「width / heightの指定が無効」**となります。

▶ display: block

LESSON 03 ▶ 03-03

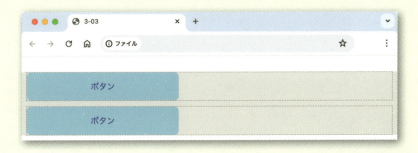

```css
.btn {
  display: block; /*a要素のブロック化*/
  width: 80%;
  max-width: 300px;
  〜省略〜
}
```

　サンプル03-03はa要素をdisplay: blockに変更した場合の表示です。サンプル03-02では無効となっていたmax-widthが有効となり、paddingの領域も親要素の外側にはみ出していないことがわかります。
　a要素の初期値であるdisplay: inlineの状態では一切のサイズ指定が効かないため、ボタン形状のリンクを作成したい場合にはこのようにa要素を**ブロック化**する必要があります。このような処理はa要素だけでなく、span要素など、初期値がinlineとなっている他の要素でマークアップされていた場

合も同様です。

▶ displey: inline-block   LESSON 03 ▶ 03-04

次に、2つのボタンを横並びにしてブラウザの中央に配置するようにレイアウトを変更します。これには複数の方法がありますが、ここではdisplay: inline-blockを活用してレイアウトしています。

inline-blockは、blockとinlineの特徴を併せ持つため、

- 要素に幅や高さをもたせてブロック状にする（blockの特徴）
- 自動的に横並びにする（inlineの特徴）
- 親要素のtext-align指定で中央寄せする（inlineの特徴）

といったレイアウトが可能となります。他にも横並びさせる方法はありますが、この方法には**どんなにレガシーなブラウザ環境でも横並びで表示できる**というメリットがあります。

サンプル03-04（STEP1）

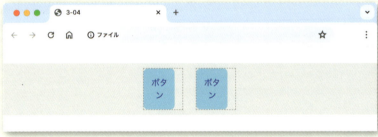

```css
.btns {
  background: #e7e7e7;
  text-align: center;  /*2つのボタンを中央寄せに配置*/
}
.btns__item {
  display: inline-block;  /*横並びするようにインラインブロック化*/
  margin: 10px;
  border: 1px dashed #999;
}
```

サンプル03-04で実際に.btns__item を inline-blockに変更してみると、確かにボタンは横並びになりますが、各ボタンの幅は小さくなってしまいます。a要素である.btnに幅の指定を入れてあるのになぜ？　と思うかもしれませんが、これはdisplayプロパティの仕様通りの挙動です。

inline / block / inline-blockのwidth を明示しない初期状態の表示仕様は次の通りです。

displayの値	初期状態（width: auto）の場合の要素の幅
inline	内容物のサイズに依存（※幅指定無効）
block	親要素の幅いっぱいまで広がる
inline-block	内容物のサイズに依存（※幅指定有効）

> Memo
> WordPressのブロックエディタ（Gutenbelg）で挿入できるボタンパーツも display:inline-block で自動的に複数ボタンが横並びになるように設定されています。

.btnにはwidth: 80%が指定されていますが、%指定なのでこれは親要素、つまり.btns__item の幅を基準とした幅の設定となっています。今は.btns__item を inline-blockに変更し、かつ幅指定はしていない状態であるため、.btnのwidthの基準となっている.btns__itemのwidth自体が「内容物に依存して決定される状態」となってしまっているため、ボタン全体の幅が小さくなってしまっているのです。

サンプル03-04（STEP2）

（PC表示）

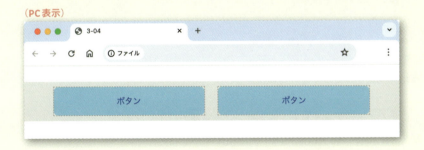

（SP表示）

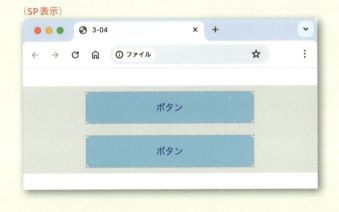

```css
.btns {
  background: #e7e7e7;
  text-align: center;
}
.btns__item {
  display: inline-block;
  width: 80%; /*.btnから移動*/
  max-width: 300px; /*.btnから移動*/
  margin: 10px;
  border: 1px dashed #999;
}
.btn {
  display: block;
  padding: 15px;
  background: skyblue;
  border-radius: 8px;
  text-align: center;
  text-decoration: none;
}
```

　最終的な完成形のレイアウトのようにするためには、サンプル03-04
（Step2）のようにwidthとmax-widthの指定を.btnから.btns__itemに移動
してください。.btn自身はブロック化していますので、親要素側でサイズが
指定されていれば自動的にその幅いっぱいまで広がります。これで

- 各ボタンはブラウザ幅の80%（ただし最大300pxで固定）
- 各ボタンはブラウザ幅の中央に配置
- ブラウザ幅に余裕がある時は横並び、そうでない時は縦並び

という意図したレイアウトにすることができました。あとはここから見た
目のスタイルを好きな形に整えれば完成です。
　なお、ここではdisplayプロパティの値を変更すると表示がどのように変
わるか、またその理由は何か、ということを解説するためにあえてボタンと
そのレイアウトを一体化して解説していますが、実際にはボタンそのものの
スタイルとレイアウトに関するスタイルを切り分け、「単体で利用可能なボ
タン」をまず先に作成し、その後でレイアウトや配置にかかわるスタイルを
ラッパー要素で指定してレイアウトすると考えたほうが手順としてはやりや
すいと思います。このあたりのパーツ設計の考え方については、Chapter4
で詳しく紹介します。

display: flex

次は今のWeb制作現場で主流となっているレイアウト手法であるdisplay: flexを使って同じレイアウトを実現してみましょう。

display: flexを使ったレイアウト手法（以後flexboxレイアウト）は、**display: flexが指定された親要素（flexコンテナ）の直下の子要素を「flexアイテム」としてレイアウトコントロールできるようにする手法**です。このことは、flexboxレイアウトを使ってレイアウトをしたい場合には、**それらのボックスを囲むコンテナ要素が必要になる**ということを意味します。

横並び前の状態を確認　　　　　　　　　　　　LESSON 03　03-05

HTML

～サンプル03-04と同じであるため省略～

CSS

```css
.btns {
  background: #e7e7e7;
}
.btns__item {
  margin: 10px;
  width: 80%;
  max-width: 300px;
  border: 1px dashed #999;
}
.btn {
  display: block;
  padding: 15px;
  background: skyblue;
  border-radius: 8px;
  text-align: center;
  text-decoration: none;
}
```

サンプル03-05は、03-04で作ったものと同じボタン形状になるようにあらかじめ整えた状態のものです。この状態から、flexboxレイアウトでボタン横並び・左右中央揃えとなるように調整してみましょう。

▶ flexboxで横並び＋左右中央揃え　　LESSON 03 ● 03-06

（PC表示）

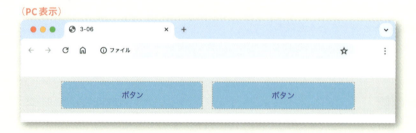

（SP表示）

CSS

```css
.btns {
  display: flex; /*flexbox化*/
  justify-content: center;  /*主軸方向に中央揃え*/
  background: #e7e7e7;
}
```

　まず、2つのボタンの直近の親要素である.btnsに**display: flex**を指定します。この時点で横並びとなりますが、このままでは左詰めとなるため、justify-content: centerを指定して左右中央配置としています。これで画面幅が広い時のレイアウトは03-04と同じになりました。ただし、ブラウザ幅を狭くすればわかりますが、**inline-blockで横並びにした時とは違って画面幅が狭くなっても自動的にカラム落ちして1カラムにはなってくれません。**そこでメディアクエリを使ってレスポンシブ対応を追加します。

▶ flexboxでレスポンシブ対応　　　LESSON 03　▶ 03-07

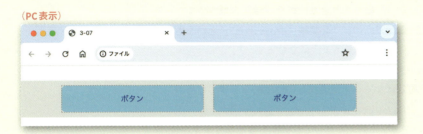

（PC表示）

（SP表示）

```css
.btns {
  display: flex; /*flexbox化*/
  flex-direction: column; /*主軸を上から下に変更*/
  align-items: center;  /*交差軸方向に中央揃え*/
}
@media (min-width: 768px) {
  .btns {
    flex-direction: row; /*主軸を左から右に変更*/
    justify-content: center; /*主軸方向に中央揃え*/
  }
}
```

　display: flex を適用すると、初期値では常に1行横並びで表示しようとします。したがって、「モバイルでは縦並び、PCでは横並び」のように並びを変化させたい場合にはメディアクエリを使って設定を変更する必要があります。
　flexboxレイアウトで縦並び／横並びを変更するには、**flex-direction** プロパティで「主軸」の方向を変更します。上から下の縦並びにしたい場合はcolumn、左から右の横並びにしたい場合はrowを設定します。これをメディアクエリを挟んで切り替えることで縦並び／横並びを自由に変更することができます（column-reverse、row-reverse で逆順に並べることもできます）。

▶ flexboxの「軸」とjustify-content / align-itemsの挙動

flexboxレイアウトでしっかり意識しておきたいのが「軸」の概念です。flexコンテナには「**主軸（main axis）**」と「**交差軸（cross axis）**」というものがあり、flexアイテムは主軸に沿って並ぶようになります。

サンプル03-06で「左右中央揃え」とするために使ったjustify-contentは、厳密には「左右方向」の位置ではなく「主軸方向」の位置揃えをするためのプロパティです。したがってflex-direction: columnで主軸方向が上から下に変更されると、「ボタンの左右中央揃え」としては機能しなくなります。

一方、主軸と90度でクロスする軸のことを交差軸（cross axis）といい、交差軸方向のアイテムの位置揃えはalign-itemsプロパティで行います。主軸の方向がcolumnとなっている時、左右方向は交差軸方向を制御するalign-itemsで設定することになりますので、モバイル用のレイアウトではalign-items: centerとすることで左右中央揃えを実現します。

flex-directionによる主軸方向の制御と、それに伴う位置揃えプロパティの使い分けは、flexboxレイアウトの根幹となる仕組みですので、しっかり理解しておきましょう。

/ Memo

単純に要素を横並びにする方法であれば他にもdisplay:gridを使う方法、floatを使う方法などもありますが、複数の要素を左右中央揃えと併用して横並びにする用途の場合は、この章で紹介したdisplay:inline-block / flexを使う方法が適しているので、基本的にどちらかを使うようにしましょう。

flexboxの軸とアイテムの整列方向

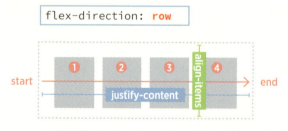

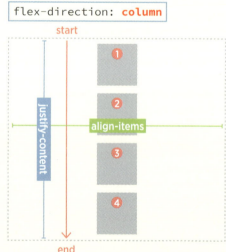

ポイント
- flexアイテムは**主軸に沿って並ぶ**
- **主軸方向のアイテムの整列**を指定するのがjustify-content
- 主軸がrowである時、「左右方向」を指定するのはjustify-conentになるが、**軸がcolumnに変わると「左右方向」を指定するのはalign-itemsに変わる**

052

display: grid

最後にdisplay: gridを使って同じレイアウトを実現してみましょう。

display: gridを使ったレイアウト手法（以後gridレイアウト）は、**display: gridが指定された親要素（gridコンテナ）の直下の子要素を「gridアイテム」としてレイアウトコントロールできるようにする手法**です。したがってflexboxレイアウトと同様、gridレイアウトの場合も**必ずそれらのボックスを囲むコンテナ要素が必要**になります。

横並び前の状態を確認

LESSON 03 ● 03-08

（PC表示：レイアウト前）

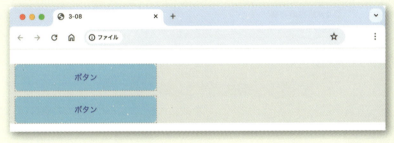

HTML

～block/inline/inline-blockのサンプル（p.43）と同じため省略～

CSS

```css
.btns {
  display: grid; /*grid化*/
  background: #e7e7e7;
}
.btns__item {
  margin: 10px;
  width: 80vw; /*vw単位に変更*/
  max-width: 300px;
  border: 1px dashed #999;
}
.btn {
  display: block;
  padding: 15px;
  background: skyblue;
```

```
    border-radius: 8px;
    text-align: center;
    text-decoration: none;
}
```

　display:grid は flexbox と違い**デフォルトのアイテムの配置は縦方向（grid-auto-flow: rows）**となるため、モバイルレイアウトが縦積みの場合は基本的に親コンテナに display:grid; と指定するだけで問題ありません。ただし、**grid レイアウトではアイテム幅を％指定した場合、親コンテナではなくグリッドセルが基準となります**。今回のサンプルのように grid-template-columns / grid-template-rows でグリッドを明示的に定義しない場合、グリッドセルのサイズは内包物のサイズに依存する形となり、意図したサイズにはなりません（※）。そこで今回は他のサンプルにアイテムのサイズを揃えるために viewport を基準とする vw 単位での指定に変更しておくことにします。

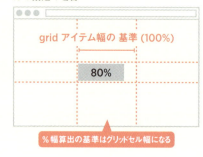

※詳細は以下のブログを参照してください。
Differences from Flexbox-Link to this heading（英文）
https://www.joshwcomeau.com/css/center-a-div/#differences-from-flexbox-6

　この状態から、grid レイアウトで左右中央揃え、さらに PC レイアウトではアイテム横並びとなるように調整してみましょう。

▶ gridで横並び＋左右中央揃え

LESSON 03 ▶ 03-09

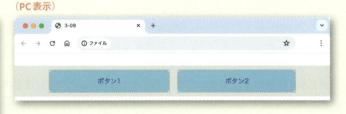
（SP表示）　（PC表示）

```css
.btns {
  display: grid; /*grid化*/
  justify-content: center; /*gridアイテム全体を水平方向に中央揃え*/
  background: #e7e7e7;
}
～省略～
/*for PC*/
@media (min-width: 768px) {
  .btns {
    grid-auto-flow: columns; /*自動配置方向を水平方向に変更*/
  }
}
```

　gridコンテナ直下のアイテム全体の水平方向配置を設定するプロパティはflexboxと同じjustify-contentになります。従って**justify-content: center** とすればアイテム全体を左右中央揃えにすることができます。

　PCレイアウト時にはアイテムを横並びにしたいのですが、gridでこれを実現する場合は、**grid-auto-flow: columns** とすることでアイテムを自動的に横並びで配置することが可能です。

Memo

シンプルにアイテムを横並びにして左右中央揃えするレイアウトに関してはgridでも可能ではありますが、他のレイアウトに比べてややクセが強いため、flexboxなどを利用したほうが使い勝手はよいと思います。

▶ gridレイアウトの基本概念

　gridレイアウトは非常に強力なレイアウト仕様であり、その全貌を完璧に理解するのはなかなか骨が折れます。本書では一般的なWeb制作でよく使われる使い方を理解するのに最低限必要な基本仕様に絞って解説しておきたいと思います。

　gridレイアウトでは要素を任意数の**行と列に区切り、その区切られた区画**

（グリッドセル）の中にアイテムを配置していくという考え方でレイアウトを行います。

　グリッドを作るための基本的なプロパティが**grid-template-rows／grid-template-columns**で、左から右に記述する言語環境の場合はrowsが水平、columnsが垂直となります。

　グリッド定義を明示的に行わない場合は直下の子要素の状態（個数・サイズなど）に応じて暗黙のグリッドが生成され、一定の仕様に従って自動配置される仕組みも用意されています。

　アイテム数が不定であったり、ブラウザ幅に応じて1行に配置されるアイテム数が変動するため行数が不定である場合などには、grid-template-columnsだけ指定してgrid-template-rowsは指定しないといった設定にすることで行方向のみ自動配置とするような使い方がよく見られます。

grid概念図

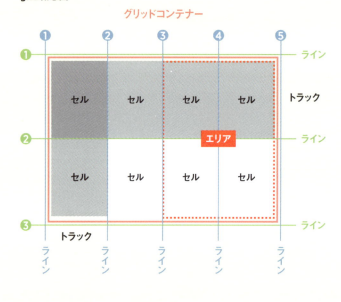

グリッドの概念と用語

グリッドコンテナー
直下のアイテムをグリッドレイアウトで配置するためのコンテナ領域。`display:grid /inline-grid` で宣言される。

グリッドライン
グリッドアイテム配置を決めるための水平・垂直のライン。各ラインには右上から正の整数番号が自動的に付与される。

グリッドトラック
2本の水平線・垂直線に挟まれた行 ／ 列。

グリッドセル
水平・垂直のグリッドラインに囲まれた領域。基本的に各アイテムはセル内に配置される。

グリッドエリア
複数のセルをまとめた領域。最小単位のセルだけではなく、エリア単位でもアイテムを配置できる。

　水平・垂直のグリッド線にはそれぞれ番号が付与され、アイテムを配置するセルを指定するために利用されます。また、水平・垂直のグリッド線に囲まれたグリッドセルに名前をつけ、アイテムを配置するセルを名前で指定することも可能です。

LESSON 04

基本のカード型レイアウト

Webサイトのコンテンツエリアで多用される基本のカード型レイアウトの作り方について、いくつかのパターンを解説しておきたいと思います。
これらはレスポンシブレイアウトの基本パターンとなりますので、しっかりマスターしておきましょう。

▶ flexboxでつくるカード型レイアウト

　まずはflexboxを使ってカード型レイアウトを実装してみましょう。いずれもモバイル向けは1カラム、PC向けは2カラムでの表示からスタートして、メディアクエリで段階的に3カラム、4カラムまでカラム数を増やしてみることにします。なお、段間は上下左右ともに20px固定とし、残りのエリアを均等に分割することにします。

▶ モバイル:1カラム・PC:2カラム〜4カラム　　LESSON 04 ▶ 04-01

（SP表示）

（PC表示）

HTML

```html
<ul class="cardList">
  <li class="cardList__item">
    <a href="#" class="card">
    <div class="card__thumb"><img src="img/dmy_thumb01@2x.jpg" alt=""></div>
}
    <p class="card__txt">この文章はダミーです。文字の大きさ、量、字間、行間等を確認するために入れ
ています。</p>
    </a>
  </li>　～以降4項目繰り返し～
</ul>
```

CSS

```css
.cardList {
  display: flex; /*flexbox化*/
  flex-direction: column; /* 縦並びにする*/
  gap: 20px; /*アイテム間の余白を指定*/
}
/*2カラム*/
@media (min-width: 768px) {
  .cardList {
    flex-direction: row; /*横並びにする*/
    flex-wrap: wrap; /*折り返して複数行にする*/
  }
  .cardList__item {
    width: calc((100% - 20px) / 2); /*アイテムの幅を指定*/
  }
}
/*3カラム*/
@media (min-width: 992px) {
  .cardList__item {
    width: calc((100% - 40px) / 3);
  }
}
/*4カラム*/
@media (min-width: 1200px) {
  .cardList__item {
    width: calc((100% - 60px) / 4);
  }
}
```

flexboxで作るマルチカラムのレイアウトは簡単です。まずベースとなる1
カラムモバイル向けレイアウトではflex-direction: columnで縦並びのフレ
ックスボックスを作り、縦方向の余白を指定します。アイテム同士の余白に
関しては**gapプロパティ**を利用するのがおすすめです。gapプロパティは縦

横で**隣接するアイテム同士の間隔のみを指定**することができるため、marginで余白を設定するよりシンプルに余白の設定をすることができます。なおgap: 20pxとした場合は縦方向・横方向ともに同じアイテム間余白を設定することになります。縦方向・横方向で余白サイズを変更したい場合は **gap: 縦方向 横方向**のように指定しましょう。

> **Memo**
> flexboxでのgapプロパティはすべてのモダンブラウザで利用可能ですが、Safariは14.1からの対応となりますので、動作保証するブラウザのバージョンが古い場合には注意しましょう。

gap

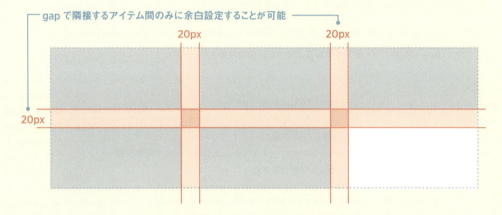

次に@mediaでブレイクポイントを指定し、flex-direction: rowで横並びレイアウトに変更したうえでflex-wrapで折り返し表示としておきます。アイテム同士の余白はモバイル向けレイアウトの段階で指定済みであるため、PCレイアウト側では今回は考慮する必要はありません。

最後に各カラムの幅を指定します。flexboxで2カラム以上のレイアウトを実装する場合、各カラムのアイテム幅を計算して個別に指定する必要があるため、各カラム数での段間サイズを考慮して.cardList__itemにwidthを設定しています。

▶ **space-between**でつくるカード型レイアウト

flexboxでカード型レイアウトを作る方法として、gapプロパティが実戦で使えるようになる以前にはjustify-content: space-between;を使った方法がよく使われていました。これから新規で作るサイトの場合はgapプロパティを活用する04-01の手法を使用するのがおすすめですが、既存サイトでよく使われている手法となりますので、この手法ならではの注意点なども合わせて理解しておくとよいでしょう。なおHTML構造はサンプル04-01と同じなので解説は省略します。

モバイル：1カラム・PC：2カラム

LESSON 04　04-02

CSS

```css
.cardList {
  display: flex; /*flexbox化*/
  flex-direction: column; /* 縦並びにする*/
  margin-top: -20px; /*1行目の上マージンを相殺*/
}
.cardList__item {
  margin-top: 20px; /*各アイテムに上マージンをつける*/
}
/*2カラム*/
@media screen and (min-width: 768px),print {
  .cardList {
    flex-direction: row; /*横並びにする*/
    justify-content: space-between; /*アイテムを両端に揃えて均等配置*/
    flex-wrap: wrap; /*折り返して複数行にする*/
  }
  .cardList__item {
    width: calc((100% - 20px) / 2); /*アイテムの幅を指定*/
  }
}
```

（SP表示）

（PC表示）

gapプロパティを使わない前提の場合、アイテム同士の余白はmarginで設定することになります。横方向のアイテム間余白についてはjustify-content: space-betweenを使うことでアイテムを両端に揃えて均等配置することができるため、アイテム自身の幅だけ指定すれば設定する必要がありません。

縦方向のアイテム間余白については各アイテムにmargin-topを設定すればよいのですが、gapを使った余白設定と違い、「隣り合うアイテム同士の間の余白」だけに限定することができないため、すべてのアイテムに一律でmargin-topを設定しておき、親要素側にマイナスの値のmargin（**ネガティブマージン**）をつけることで相殺することになります。

> **Memo**
>
> 親要素にネガティブマージンを設定せず、1行目に該当するアイテムの上marginだけ0になるように直接値を変更する方法も考えられますが、カラム数が変更したときの付け替えが大変になってしまうため、あまりおすすめできません。

▶ モバイル：1カラム・PC：3カラム

LESSON 04 ▶ 04-03

`CSS`

```
〜省略〜
/*3カラム*/
@media screen and (min-width: 992px),print {
  .cardList__item {
    width: calc((100% - 40px) / 3);
  }
  .cardList::after { /*最終行を左詰めにする*/
    content: "";
    display: block;
    width:  calc((100% - 40px) / 3);
  }
}
```

space-betweenを利用したカード型レイアウトの場合、3カラム以上になる場合はもうひとつ注意しなければならない点があります。それは最終行のアイテムが指定したカラム数に満たない場合です。space-betweenでは必ずアイテムが左右両端に揃ってしまうため、例えば3カラムレイアウトで最終行にアイテムが2つしかないといった場合に、意図したレイアウトになりません。

最終行だけを左詰めにするといったプロパティはflexboxには存在しないため、この問題を解決するためにはあらかじめ**末尾にアイテムと同じ幅を持つ空の擬似要素を入れておく**というテクニックが必要となります。

061

カラム幅だけ変更した場合

最終行をafter擬似要素で調整した場合

▶ モバイル：1カラム・PC：4カラム

LESSON 04 ▶ 04-04

CSS

```
～省略～
/*4カラム*/
@media screen and (min-width: 1200px),print {
  .cardList__item {
    width: calc((100% - 60px) / 4);
  }
  .cardList::before,
  .cardList::after {  /*最終行を左詰めにする*/
    content: "";
    display: block;
    width: calc((100% - 60px) / 4);
  }
  .cardList::before {
```

```
    order: 1;    /*before擬似要素を末尾に移動*/
  }
}
```

　4カラム表示にする場合も最終行の左揃え問題が発生するため、after擬似要素だけでなくbefore擬似要素も同様に作成しておきます。ただし、before擬似要素は要素の先頭に配置されてしまうため、orderプロパティを使って末尾に移動させておく必要があります。

最終行をafter擬似要素だけで調整した場合

最終行にbefore擬似要素も追加した場合

　なお5カラム以上になる場合は物理的にdiv要素などで空要素を入れておかなければならなくなるため、そもそもspace-betweenではない方法を検討したほうがよいでしょう。この点においても、flexboxを使ってカード型レイアウトを実装する場合、単純にアイテムを横並びにしてアイテム間余白をgapプロパティで設定する手法のほうが優れているといえます。

gridでつくるカード型レイアウト

　次に同じカード型レイアウトをgridで作ってみましょう。flexboxでも簡単に作ることができましたが、gridを使うとさらにシンプルに実装することができます。

モバイル:1カラム／PC:2～4カラム

LESSON 04 ● 04-05

HTML

```html
<ul class="cardList02">
  <li class="cardList02__item">この文章はダミーです…</li>
  ～以降5項目繰り返し～
</ul>
```

CSS

```css
.cardList02 {
  display: grid; /*gridレイアウトにする*/
  gap: 20px; /*隣接するアイテム間余白を20pxに設定*/
}
@media (min-width: 768px) {
  .cardList02 {
    grid-template-columns: repeat(2,1fr); /*均等2カラム指定*/
  }
}
@media (min-width: 992px) {
  .cardList02 {
    grid-template-columns: repeat(3,1fr); /*均等3カラム指定*/
  }
}
@media (min-width: 1200px) {
  .cardList02 {
    grid-template-columns: repeat(4,1fr); /*均等4カラム指定*/
  }
}
```

　display: gridでもアイテム間の余白の指定にはgapプロパティを使用します。この点ではflexboxでもgridでもレイアウト上の手間は変わりません。ただし、gridは

- display:grid指定時のデフォルトが縦並び
- アイテムを均等幅で並べる際に幅の計算が不要

という点でflexboxよりも、さらに簡単にレイアウトすることができます。

特にgrid-template-columnsでアイテムのカラム数・サイズを指定する際、**repeat(アイテム数,1fr)**と指定することで簡単に均等幅の繰り返しグリッドを作成することができるという点がflexboxにはないgridの大きな利点であると言えます。

/ Point

fr

「fr」は「fraction(分割、分数の意味)」の略で、gridレイアウトの中で利用できる新しい単位です。親要素に余白がある場合に指定した比率に応じてアイテムを引き伸ばすことができるもので、ちょうどflexboxレイアウトでアイテムに「flex-grow」を指定したのと同じような挙動と考えていただければ理解しやすいかと思います。

---

repeat()関数の基本構文

repeat（繰返し数 , サイズ）

grid-template-columnsで使うならカラム数
grid-template-rowsで使うなら行数を表します。
指定できるのは 正の整数 または auto-fit /
auto-fill となります。

各アイテムの大きさを数値・関数などで指定します。
各種固定値・相対値の他、minmax()、fit-conent()
といった関数での指定もできます。
サイズの値は半角スペースで区切って複数持つこともできます。

▶ **メディアクエリなしでレスポンシブ**　　　　　　　LESSON 04 ▶ 04-06

HTML

〜サンプル04-05と同じであるため省略〜

CSS

```css
.cardList02 {
  display: grid; /*gridレイアウトにする*/
  gap: 20px; /*アイテム間余白を20pxに設定*/
  grid-template-columns: repeat(auto-fit,minmax(335px,1fr));
}
```

さらに、gridレイアウトを使うとメディアクエリすら使わずにカラム数を

自動的に変化させることも可能です。ポイントはrepeat()の中でアイテム数を **auto-fit または auto-fill**、アイテム幅を **minmax()関数** を使って指定することです。

　minmax()関数は、最小値と最大値を同時に指定できる関数で、サンプルでは最小サイズを335px、最大サイズを1fr（幅いっぱいに広げる）としています。例えばこれを単純に repeat(2, minmax(335px,1fr)) とすると、アイテムの最小値が335pxに設定されているため、ブラウザ幅が700pxを下回った時にコンテナに入りきらずに横スクロールが発生してしまいます。このように指定したアイテムがコンテナに入りきらなくなった際、自動的に次の行にカラムを移動させ、複数行で表示できるのが auto-fit/auto-fill という値です。なお auto-fit と auto-fill の違いは、一行に配置可能なアイテム数に対して実際のアイテムが不足した場合に余った余白をどう処理するか？　という点です。

minmax関数の基本構文

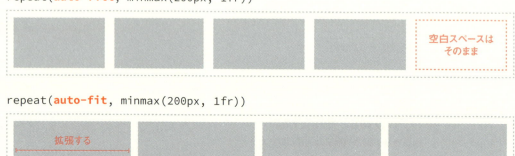

auto-fit と auto-fill の違い

最小200pxのアイテムが5つ入るコンテナに対して、アイテムが4つしかない場合

> Point

auto-fit / auto-fill
コンテナに収まりきらずに横スクロールが発生する場合、自動的に次の行に送るという意味ではflexboxレイアウトにおけるflex-wrap: wrapの役割のgrid版と考えるとわかりやすいかと思います。また、コンテナに余った余白をアイテムに分配して拡張するという点ではauto-fitはflex-grow: 1の役割と同等といえるでしょう。

なお、いいことづくめのように見えるこの手法にも弱点があります。
　auto-fit／auto-fillを利用する場合、**想定される最大カラム数に対してアイテム数が不足する場合、意図したようなレイアウトにならない可能性がある**ということです。同じようなカードレイアウトが複数あった際、アイテム数不足のモジュールだけカードの表示サイズが違う、という状態になることが考えられますので、闇雲にauto-fit／auto-fillに頼るのはやめたほうがよいでしょう。

アイテム数不足による事故例

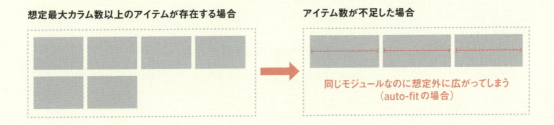

▶ **subgridで複数カードの水平グリッドを揃える**

　横並びになった複数のカードにおいて、各カード内のアイテムの高さの位置を揃えたいという要望がくることがあります。そのような場合、従来は基本的にJavaScriptを使って隣り合うカード内の要素の高さを揃える必要がありました。しかしgridレイアウトに新しく登場した**subgrid**を利用すれば、CSSだけで実現できるようになります。
　ここでは、次のようなカード型レイアウトをsubgridを使って実装してみましょう。

gridを入れ子にしてカード型レイアウトを組む

LESSON 04 ▶ 04-07

HTML

```html
<div class="cardList03">
  <article class="card">
    <div class="card__thumb"><img src="img/dmy_thumb01@2x.jpg" alt=""></div>
    <h2 class="card__title">タイトルテキスト</h2>
    <p class="card__txt">この文章はダミーです。文字の大きさ、量、字間、行間等を確認するために入れています。</p>
    <p class="card__link"><a href="#">詳しくみる</a></p>
  </article>
  　〜以降文字数を変えて２項目繰り返し〜
</div>
```

CSS

```css
/*カード一覧*/
.cardList03 {
  display: grid;/*全体をgridでレイアウトする*/
  gap: 30px;
  grid-template-columns: repeat(auto-fill,minmax(335px,1fr)); /*335px以上1fr以下で自動カラム配置*/
}
/*カード*/
.card {
  display: grid; /*カード自体をgridで作成*/
  gap: 15px;
  border: 1px solid #e7e7e7;
  border-radius: 5px;
  ...
}
〜以下省略〜
```

subgrid導入前

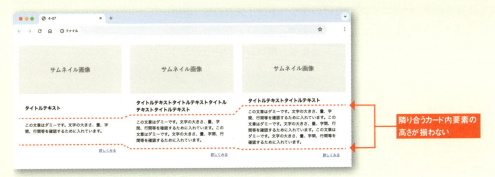

　今回はsubgridの仕様をわかりやすくするため、**親grid>子grid**の構造でHTMLをマークアップしておきます。この段階ではまだ子grid内の要素は自分の親である子grid（今回は.card）に所属しているだけであり、他の子grid内の要素とは関連がないため、カード全体の高さは揃いますが、カード内の各要素の高さまでは揃っていないことを確認してください。

▶ subgridでカード内のアイテムの高さを揃える　　LESSON 04 ▶ 04-08

```css
/*カード直下の要素をsubgrid化*/
.card {
  grid-row: span 4;  /*子gridの高さを4グリッド分に設定*/
  grid-template-rows: subgrid;  /*サブグリッド化*/
  〜以下省略〜
}
```

subgrid導入後

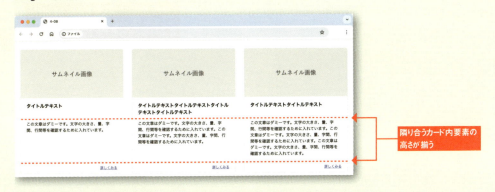

子grid直下の要素を親gridのグリッドアイテムとしてコントロールする

ためには、下図のようにまず**孫まで含めた全体のグリッド数**を想定し、**子gridの高さを孫要素の数（今回は4つ）分だけのグリッドサイズに設定（grid-row: span 4）**します。その上で子grid自身の行数をsubgridと指定することで、子grid直下の要素が親gridの孫アイテムとなり、親コンテナのグリッドに従って整列するようになります。

単純な grid の入れ子の場合

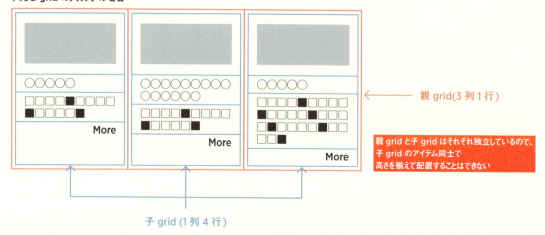

subgrid の場合

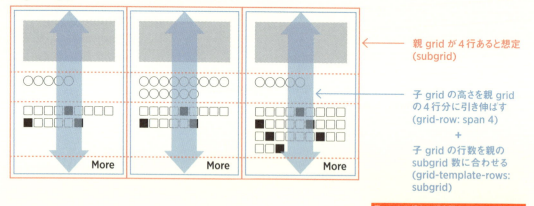

LESSON 05

3つのレイアウト手法とその使い分け

現在CSSにはflexboxレイアウト、gridレイアウト、floatレイアウトという3つの主なレイアウト手法があります。
Chapter1の最後に、3つのレイアウト手法の特徴と使い分けについて触れます。

▶ floatレイアウトの問題点と現在の用途

　3つのレイアウト手法のうち、最も古く、長らくCSSレイアウトの中心的役割を担ってきたのはfloatレイアウトです。ただし、floatプロパティは本来「回り込み」を実現するためのものであって、複雑な段組みレイアウトのために作られたものではなかったため、

- 横並びにしたブロックの高さを揃えられない
- 横並びにしたブロックは上揃えにしかならない
- 少しでも幅の計算をまちがえるとすぐにカラム落ちする
- float解除の仕組みがわかりづらい

といった問題が多く、長らくコーディング実装者を悩ませてきました。
　現在ではflexboxレイアウト・gridレイアウトといった新しいレイアウト手法が使えるため、基本的に段組みレイアウトをするのにfloatを使うことはありませんが、唯一本来の役割である「テキストの回り込み」をさせたい場合はfloatプロパティでなければ実現ができないので、floatを使うことになります。

floatプロパティの用途

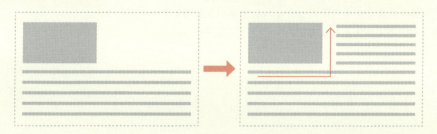

flexboxの特徴と主な用途

flexboxレイアウトは、floatに代わってCSSレイアウトの主流となったものであり、大半のレイアウトはflexboxで実現できます。

flexboxレイアウトの特徴は一方向の軸に沿ってアイテムを並べる「**一次元のレイアウト**」であるという点にあります。

一次元のレイアウト概念図

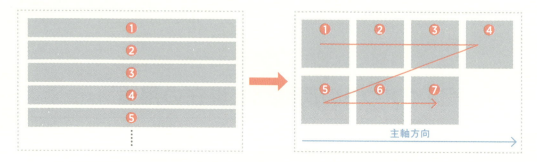

1行だけの横並びはもちろんのこと、折り返して複数行で横並びにする際も、常に決められた軸の方向に沿って1列にアイテムが並ぶ特徴があるため、**要素の追加・削除などの変更に強く、成り行きでコンテンツを配置することの多いCMS環境での実装とも非常に相性がよい**のが特徴です。

また、「軸に沿ってアイテムを並べる」という仕様上の特徴から、上下方向／左右方向ともアイテムの並び順を反転させたい場面では後述のgridよりも使い勝手がよいのが特徴です。

gridの特徴と主な用途

gridレイアウトは**あらかじめ決められた枠の中にアイテムを入れていく**ようなレイアウトで最も威力を発揮します。gridレイアウトではdisplay:gridでgridレイアウトを利用するためのコンテナを指定した後、縦横のグリッド線で仕切られたエリア枠を設定し、その中に必要なコンテンツを配置する**「二次元のレイアウト」**である点が大きな特徴です。

二次元のレイアウト概念図

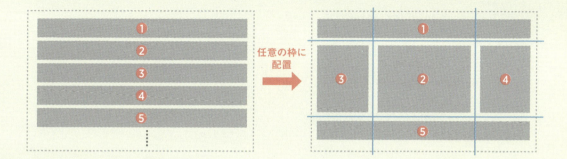

　gridレイアウトではレイアウトのための枠をCSSだけで設定できるため、従来のレイアウトで必須だった「レイアウトのためだけに必要なdiv枠」が不要となり、とてもシンプルなHTML構造でレイアウトできるようになります。また、「grid」の名の通り格子状にボックスを並べていくようなレイアウトも非常に簡単に作成することができます。そういう点ではflexboxよりもさらに守備範囲が広く、現在ではflexboxと並んでCSSレイアウトの主要な実装手段として幅広く利用されています。

▶ flexboxが得意とするレイアウト

　実務でよく使うflexboxの利用シーンをサンプルを交えていくつか確認しておきましょう。

▶ シンプルな横並び

LESSON 05 ● 05-01

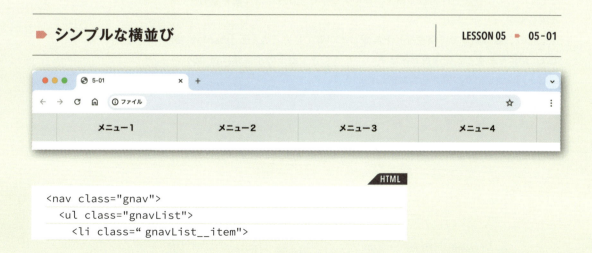

```
<nav class="gnav">
  <ul class="gnavList">
    <li class=" gnavList__item">
```

```html
      <a href="#" class=" gnavList__link">メニュー1</a>
    </li>
    <li class=" gnavList__item">
      <a href="#" class=" gnavList__link">メニュー2</a>
    </li>
    <li class=" gnavList__item">
      <a href="#" class=" gnavList__link">メニュー3</a>
    </li>
    <li class=" gnavList__item">
      <a href="#" class=" gnavList__link">メニュー4</a>
    </li>
  </ul>
</nav>
```

`CSS`

```css
.gnav {
  background: #e7e7e7;
}
.gnavList {
  display: flex;
  max-width: 1000px;
  margin: 0 auto;
  border-right: 1px solid #ccc;
}
.gnavList__item {
  width: 25%;
  border-left: 1px solid #ccc;
}
```
〜以下省略〜

　4つのメニューを単純に横並びで配置するだけのシンプルなグローバルナビです。このような一行完結の横並びレイアウトで、flexboxは最も威力を発揮します。

　上記のCSSコードで「横並び」を実現しているのはたった1行「display: flex」だけであることに注目して下さい。これだけで直下の子要素は自動的に横一列に並び、かつ高さも自動的に揃います。

交互に左右反転

LESSON 05　05-02

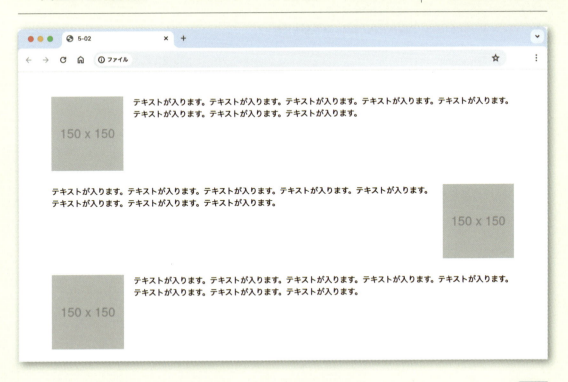

HTML
```
<ul class="index">
  <li class="index__item">
    <div class="index__thumb">
      <img src="https://placehold.jp/150x150.png" alt="" width="150" height="150">
    </div>
    <div class="index__body">
      <p>テキストが入ります。テキストが入ります。テキストが入ります。テキストが入ります。テキストが入ります。テキストが入ります。テキストが入ります。テキストが入ります。</p>
    </div>
  </li>
      〜以下省略（繰り返し）〜
</ul>
```

CSS
```
.index__item {
  display: flex;
  flex-direction: row; /*初期値なので省略可*/
  gap: 20px;
  margin: 30px 0;
```

```
}
.index__item:nth-child(even) { /*偶数個目のアイテムを自動選択
*/
  flex-direction: row-reverse; /*主軸を反転*/
}
.index__thumb {
  flex-shrink: 0;
}
```

　flexboxレイアウトは主軸に沿ってアイテムを整列させる仕組みなので、「軸を反転」させることで簡単に反転レイアウトを実装することができます。このサンプルは左右反転の事例ですが、**flex-direction: column-reverse** とすれば上下方向の反転ももちろん可能です。

▶ 均等配置　　　　　　　　　　　　　　　　　　　LESSON 05　▶　05-03

HTML

```html
<div class="cardList _space-between">
  <section class="cardList__item"> ～省略～ </section>
  <section class="cardList__item"> ～省略～ </section>
  <section class="cardList__item"> ～省略～ </section>
</div>

<div class="cardList _space-around">
  <section class="cardList__item"> ～省略～ </section>
  <section class="cardList__item"> ～省略～ </section>
  <section class="cardList__item"> ～省略～ </section>
</div>

<div class="cardList _space-evenly">
  <section class="cardList__item"> ～省略～ </section>
  <section class="cardList__item"> ～省略～ </section>
  <section class="cardList__item"> ～省略～ </section>
</div>
```

CSS

```css
.cardList__item {
  margin-top: 30px;
}
/*for PC*/
@media screen and (min-width: 768px),print {
  .cardList {
    display: flex;
    margin-top: 30px;
  }
  .cardList._space-between {
    justify-content: space-between;
  }
  .cardList._space-around {
    justify-content: space-around;
  }
  .cardList._space-evenly {
    justify-content: space-evenly;
  }
  .cardList__item {
    width: calc((100% - 80px) / 3);
  }
}
```

もう1つflexboxでよく使われるのが、アイテムの「均等配置」です。
　均等配置の値にはspace-between／space-around／space-evenlyの3種
類があります。3つの値の余白の分配方法の違いは以下の通りです。

justify-contentの値	余白分配の挙動
space-between	最初と最後のアイテムを両端に寄せ、残りの余白を均等にアイテム間に分配。
space-around	各アイテムの左右に均等に余白を分配。（※最初と最後のアイテムの外側の余白は、アイテム間余白の1/2）
space-evenly	最初と最後のアイテムの外側およびアイテム間のすべての余白が均等になるように分配。

※space-evenly は IE11非対応です

均等配置3つの値と余白配分の違い

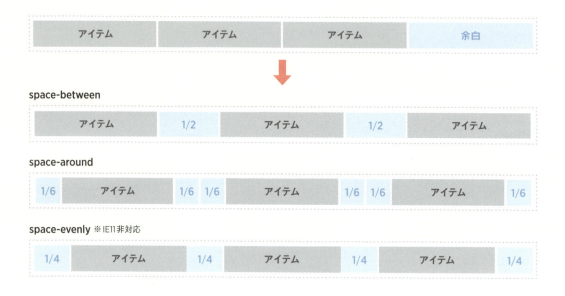

　なお、flexboxレイアウトにおいてはjustify-contentで主軸方向の均等配置、align-contentで交差軸方向の均等配置となりますが、実際にはjustify-contentで使用するケースがほとんどです。

▶ gridが得意とするレイアウト

　gridが得意とするレイアウトは、「flexboxでも可能だけどgridの方がより少ないコードでシンプルに実装できる」というタイプのものと、「gridでなければ実装が困難」というタイプのものがあります。
　前者の代表がLesson04で紹介した格子状のレイアウトと、次に紹介する上下左右中央揃えのレイアウトです。

▶ 上下左右中央揃え　　　　　LESSON 05　▶ 05-04

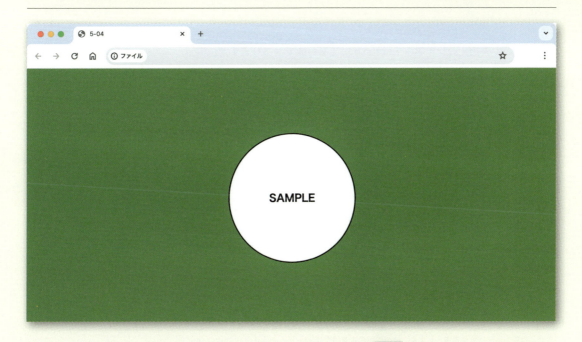

HTML
```
<div class="hero">
  <div class="hero__inner">
    <p class="hero__txt">SAMPLE</p>
  </div>
</div>
```

CSS
```
.hero {
  display: grid;
  place-content: center;
  height: 500px;
  background: #509422;
}
.hero__inner {
  display: grid;
  place-content: center;
  width: 250px;
  height: 250px;
  border-radius: 50%;
  border: 2px solid #000;
  background: #fff;
}
.hero__txt {
```

```
    font-weight: bold;
    font-size: 20px;
}
```

上下左右中央揃えのレイアウトはflexboxでも可能ではありますが、flexboxの場合だと上下方向左右方向それぞれを中央揃えするために

```
.hero {
    display: flex;
    align-items: center;
    justify-content: center;
}
```

このように2つのプロパティで記述する必要があります。gridレイアウトの場合はplace-content: centerと1行で記述することができるため、こちらの方がおすすめです。

/ Point

place-contentは、align-contentとjustify-contentのショートハンドプロパティで、値を1つ指定した場合には両方に同じ値が適用されます。個別に記載する場合は place-content: <align-content> <justify-content>; のようにalign-contentの値を先に記載する仕様となっています。
なおplace-content自体はflexbox / grid 両方で使用できますが、上下左右中央揃えにする目的でplace-content: centerと記述した場合は、アイテム整列の仕様が異なるためflexboxには適用されません。

▶ 聖杯レイアウト   LESSON 05 ▶ 05-05

（SP表示）　　（PC表示）

```html
<div class="container">
  <header class="header">ヘッダー</header>
  <main class="main">メインコンテンツ</main>
  <nav class="lnav">ローカルナビ</nav>
  <aside class="sidebar">サブコンテンツ</aside>
  <footer class="footer">フッター</footer>
</div>
```

```css
/*----------------------------------------
  Gridの設定
----------------------------------------*/
.container {
  display: grid;
  grid-template-columns: 1fr;
  grid-template-rows: 50px 1fr auto auto 50px;
  grid-template-areas:
    "header"
    "main"
    "lnav"
    "sidebar"
    "footer";
  gap: 20px;
  max-width: 1000px;
  min-height: 100vh;
  margin: 0 auto;
}
/*for PC*/
@media (min-width: 768px) {
  .container {
    grid-template-columns: 24% 1fr 24%;
    grid-template-rows: 100px 1fr 100px;
    grid-template-areas:
      "header header header"
      "lnav main sidebar"
      "footer footer footer";
  }
}


/*----------------------------------------
  Gridアイテムの設定
----------------------------------------*/
.header {
  background: #509422;
  grid-area: header;
}
.main {
```

```
    background: #e5f3db;
    grid-area: main;
  }
  .lnav {
    background: #aeda90;
    grid-area: lnav;
  }
  .sidebar {
    background: #aeda90;
    grid-area: sidebar;
  }
  .footer {
    background: #509422;
    grid-area: footer;
  }
```

　05-05のサンプルはgridレイアウトが得意とするレイアウト例としてよく紹介される「聖杯レイアウト」のサンプルです。このレイアウト自体はflexboxなどでも実装できますが、中段の3カラムになっているエリアを囲む**レイアウト専用の枠が必要ない**という点に注目してください。

　grid-templateプロパティで枠を定義するため、gridを利用すると決まった構造で縦横に結合されたような複雑なレイアウトでも必要最小限のマークアップのままレイアウトが実現できるというメリットがあります。

▶ 大胆に配置が変わるレイアウト　　　　　　　　　LESSON 05　▶　05-06

（SP表示）　　　　　（PC表示）

082

HTML

```html
<div class="container">
  <div class="title">①タイトルエリア</div>
  <div class="catch">②キャッチコピーエリア</div>
  <div class="visual">③ビジュアルエリア</div>
  <div class="contents1">④コンテンツエリア1</div>
  <div class="contents2">⑤コンテンツエリア2</div>
</div>
```

CSS

```css
/*-------------------------------------
   Gridの設定
-------------------------------------*/
.container {
  display: grid;
  grid-template-columns: 100%;
  grid-template-rows: 100px 100px 50vw 1fr 1fr;
  grid-template-areas:
    "title"
    "catch"
    "visual"
    "contents1"
    "contents2";
  gap: 20px;
  max-width: 1000px;
  min-height: 100vh;
  margin: 0 auto;
}
/*for PC*/
@media (min-width: 768px) {
  .container {
    grid-template-columns: 1fr 1fr 20%;
    grid-template-rows: 200px 1fr 1fr;
    grid-template-areas:
      "title title catch"
      "visual visual catch"
      "contents1 contents2 catch";
  }
}

/*-------------------------------------
   Gridアイテムの設定
-------------------------------------*/
.title {
  background: #509422;
  grid-area: title;
}
```

```
.catch {
  background: #aeda90;
  grid-area: catch;
}
.visual {
  background: #e5f3db;
  grid-area: visual;
}
.contents1 {
  background: #9acd32;
  grid-area: contents1;
}
.contents2 {
  background: #c5eb7b;
  grid-area: contents2;
}
```

　05-06のサンプルは、PCレイアウトで②だけ右カラムに移動しているのがポイントです。文書構造的にマークアップはSP用の順番で記述する必要があるのですが、仮にflexboxで組もうとすると「②とそれ以外」のようにグルーピングすることができないため、物理的に実装できません。

　しかしgridの場合、HTML構造とレイアウトに必要なグルーピングの構造が異なっていたとしても、物理的にHTMLタグを挿入する必要はないため、シンプルなHTML構造のまま自由なレイアウトが可能です。このようなレイアウトはgridを使わないと実装不可能か、あるいはコードに無理・無駄が多くなってメンテナンスしづらい難解な実装しかできない可能性が非常に高いため、gridが第一選択肢となる代表的なものであると言えます。

　なおgrid以外での実装例をサンプルデータフォルダ内に用意してありますので、興味のある人はコードを確認してみてください。(Lesson05/5-06/)

EXERCISE 01

レスポンシブコーディングの基本をマスター

用意したデザインカンプをもとに、各自でレスポンシブ対応のコーディングをしてみましょう。Chapter1 で学んだことを参考にしてチャレンジしてください！

| 完成レイアウト |

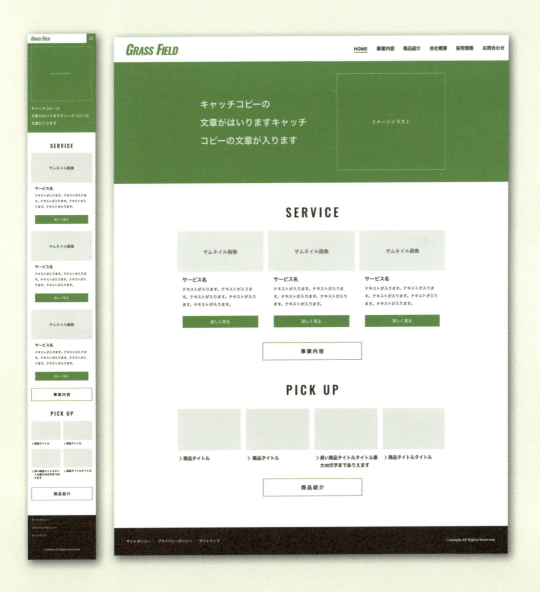

▶ コーディング仕様 | Specifications

動作保証環境	各種モダンブラウザ最新版
ブレイクポイント	768px（768px以上でPCレイアウト）
レスポンシブ仕様	フルレスポンシブ・モバイルファースト方式

※ EXERCISE 02〜04も、すべて同様のコーディング仕様となります。

▶ デザイン仕様＆ポイント | Point

Point 1　ヘッダー・メインビジュアル領域

Point 2　「SERVICE」のPC表示

Point 3　「PICK UP」のPC表示

Point 4　スマートフォン・メニューの開閉

Point 5　「SERVICE」のスマートフォン表示

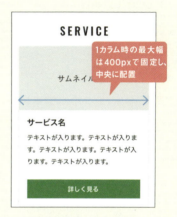

▶ 作業手順　　　　　　　　　　　　　　　　　　　　　　Procedure

❶ デザインカンプ（XDまたはFigma）上のコメントで細かいデザイン仕様を確認する
❷ 事前にマークアップ済みのHTMLとデザインカンプを照らし合わせて設定されている要素やclass名、ボックス枠のとり方などを把握する
❸ コーディングに必要な数値（ボックスの幅、余白、色、文字サイズ・行間など）を確認する
❹ 指定されたコーディング仕様でレスポンシブコーディングする
❺ 各種ブラウザ環境で表示に問題がないか確認する
❻ 完成コード例を確認する

▶ 作業フォルダの構成 | Folder

```
/EXERCISE01/
  ├/1_design/
  ├/2_working/
  │  ├index.html
  │  ├/img/
  │  └/css/
  │     ├─ common.css  ········ reset＋サイト共通スタイル
  │     └─ top.css     ········ トップページ専用スタイル
  └/3_completed
```

作業上の注意

- この練習問題ではマークアップは事前に用意しているので、基本的にCSSのみ自力で記述してください。ただし、実装の都合でどうしてもHTMLを変更したい場合には各自の判断で追加・変更してもかまいません。
- Sassなどのプリプロセッサを使っていないため、共通スタイル＋個別スタイルの2枚を読み込む方式でコーディングしています。追加スタイルがサイト共通のものならcommon.cssへ、このページ独自のものならtop.cssへ追記してください。
- 指定のブレイクポイント1つでそのままコーディングすると中間サイズでレイアウトに無理が生じる箇所が出てくるので、途中でカラム数を変化させるなどしてどのような画面幅で閲覧してもレイアウトに無理がないように調整してください。

補足

- コーディングに必要な数値はXD／Figmaのカンプファイルから各自取得してください。また、細かいデザイン仕様などもXD／Figma上にコメントを記載してありますのでそちらを参照してください。本誌配布デザインカンプデータの取り扱いはp.11を参照してください。
- 基本フォントにNoto Sans、欧文見出しにOswaldを使用しています。XD/Figma上でデザインが崩れる恐れがあるので、フォントがインストールされていない場合はGoogle Fontsからダウンロード・インストールしておいてください。

CHAPTER

2

応用レイアウト

Practical Layout

Chapter2では、実務でよく見るコンポーネント（部品）のコーディングを通して、「アスペクト比の制御」「背景色エリアの制御」「カードレイアウト」「ブロークングリッドレイアウト」など、実務レベルのコーディングに必要な知識とテクニックを学んでいきます。また、どのようにサイズが変わってもレイアウトが破綻しないような細かい配慮についても、サンプルを通して解説していきます。

LESSON 06

アスペクト比固定ボックス

「アスペクト比（縦横比）を固定したまま拡大縮小するボックス」は、レスポンシブサイトでは必ずといってよいほど出てきます。従来CSSでこれを実現するにはひと工夫が必要でしたが、現在はプロパティひとつで実現が可能です。ここでは新旧両方の実装方法を紹介します。

aspect-ratio

　要素のアスペクト比（縦横比）をするには、**aspect-ratio**というプロパティを利用します。
　例えば16:9の比率を指定したい場合は、**aspect-ratio: 16 / 9**と指定するだけでアスペクト比を固定することができます。YoutubeやGoogleMapなどの外部サービス埋め込みに利用するiframe要素や、画像のimg要素、その他divなどの各種要素に対して必要に応じて比率の指定をすることができます。

aspect-ratio基本構文

aspect-ratio : 横比率 / 縦比率

例:16：9の場合

16 / 9

▶ divなどのブロックレベル要素の場合

LESSON 06 ● 06-01

（SP表示）　　　（PC表示）

HTML
```
<div class="rectangle">比率固定ボックス</div>
```

CSS
```
.rectangle {
  background: skyblue;
  aspect-ratio: 16 / 9;  /*16:9の比率を指定*/
}
```

ブロックレベルの要素であれば単純にaspect-ratioプロパティで必要な比率を設定するだけなので、非常にシンプルに設定することができます。

> **Memo**
> 他のセレクタなどからheightやmax-heightなどが指定されている場合は、そちらの指定が優先され比率が崩れてしまうため、必要に応じてheight:autoやmax-height: noneなどを合わせて指定しておくようにするとよいでしょう。

▶ Youtube／Google Mapの埋め込み（iframe要素）の場合　　LESSON 06　● 06-02

（SP表示）　　　　　　　　　　（PC表示）

HTML

```
<div class="map">
  <iframe src=" https://www.google.com/maps/embed?…省略…" width="600" height="450" style="border:0;" allowfullscreen="" loading="lazy"></iframe>
</div>
```

CSS

```
.map iframe {
  width: 100%;  /*width属性の固定値を上書き*/
  height: auto;  /*height属性の固定値を上書き*/
  aspect-ratio: 16 / 9;
}
```

　YoutubeやGoogle Mapのような外部サービスの埋め込みコードの場合、HTML側でiframe要素のwidthとheightに固定値が入っていることが多いため、レスポンシブ対応させるために**width:100%; height: auto;** を指定した上でaspect-ratioでアスペクト比を指定しておきます。

▶ img要素の場合

LESSON 06 ▶ 06-03

（object-fitなし）

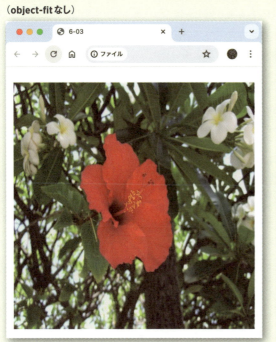

（object-fitあり）

HTML

```
<img src="img/001.jpg" width="640" height="480" alt="写真：赤いハイビスカス"
class="image">
```

CSS

```
.image {
  width: 100%;
  height: auto;
  max-width: 480px;
  aspect-ratio: 1 / 1;   /*正方形にする*/
  object-fit: cover;   /*画像のゆがみを防止して正方形でトリミング*/
}
```

　img画像に対してaspect-ratioで画像の実際のアスペクト比と異なる比率を指定した場合、そのままでは画像がゆがんでしまうため、**object-fitプロパティ**を併用して正しくトリミングされるように指定しておく必要があります。

Memo

object-fitプロパティについては、p.102（LESSON07-02）も参照してください。

padding-topハック

　aspect-ratioは比較的最近になって全ブラウザが対応するようになったプロパティです。このプロパティが実用化される以前、要素のアスペクト比を固定するには**「padding-topハック」**と呼ばれる特殊なテクニックを用いる必要がありました。運用中の既存サイトをメンテナンスする必要がある場合はこれを目にする機会も多いと思いますが、一見して何をしているのかわかりづらいため、GoogleMapの実装事例を通じてその仕組みを解説しておきます。

要素自体にpadding-top

LESSON 06 ▶ 06-04

（SP表示）

（PC表示）

HTML

```
<div class="map">
  <iframe src=" https://www.google.com/maps/embed?…省略…" width="600" height="450" style="border:0;" allowfullscreen="" loading="lazy"></iframe>
</div>
```

CSS

```
.map {
  position: relative;
  padding-top: 56.25%;  /* 9÷16×100（領域の確保）*/
}
.map iframe {
```

```
  position: absolute; /*確保された領域にiframeを絶対配置*/
  top: 0;
  left: 0;
  width: 100%;
  height: 100%;
}
```

padding-topハックは、**margin・paddingの％値は上下左右いずれも「親要素の横幅」を基準として計算される**という仕様を利用して、親要素の横幅に応じて自動的に特定比率の高さを持つ領域を確保するテクニックです。使い方は次の通りです。

まず埋め込み用のiframeをdivタグで囲み、そこにpadding-topで希望する比率（ここでは16:9の領域にしたいので9÷16×100％＝56.25％）になるように％値を計算して設定します。これで常に16:9の比率を保ったまま拡大縮小する領域を確保できます。

ただし、paddingで領域を確保しただけなのでそのままではこの中にコンテンツを入れることができません。**padding-topハックを利用する場合は、必ず中に入れたいコンテンツを絶対配置（position:absolute）で上に乗せることがセット**になりますので注意が必要です。

> **Memo**
> コンテンツを入れる場合、絶対配置を使用するということは、確保した領域からコンテンツがはみ出さない保証が必要です。長文テキストや長さの定まらない不定量のテキストなどは、原則避けたほうがよいでしょう。

▶ 要素自体にpadding-topをつけた場合の問題点　　LESSON 06 ▶ 06-05

（SP表示）

（PC表示）

HTML

```
<div class="map">
  <iframe src=" https://www.google.com/maps/embed?…省略…" width="600" height="450" style="border:0;" allowfullscreen="" loading="lazy"></iframe>
</div>
```

CSS

```
/*--------------------------------------
  Google Map
--------------------------------------*/
.map {
  position: relative;
  max-width: 700px;
  margin: auto;
  padding-top: 56.25%; /* 9÷16×100 */
}
.map iframe {
  〜省略〜
}
```

　サンプル06-02と同じ16:9のアスペクト比固定でレスポンシブ化したGoogleMapに、直接max-widthで最大幅の指定を入れた場合、700pxで自分自身の幅が固定された後ブラウザ幅を広げると、高さがどんどん大きくなって16:9のアスペクト比が崩れてしまうことがわかります。これは、**padding-topは自分自身の幅ではなく、あくまで「親要素の横幅」を基準に算出される**ために起こる現象です。要素に直接padding-topを設定してアスペクト比固定領域を作ろうとした場合、この点が問題となってきます。

▶ 擬似要素にpadding-top　　　　　　　　　　　　　LESSON 06　▶　06-06

（SP表示）　　　　　　　　　　（PC表示）

`CSS`

```css
/*-----------------------------------------
  Google Map
-----------------------------------------*/
.map {
  position: relative;
  max-width: 700px;
  margin: auto;
}
.map::before {
  content:" ";
  display: block;
  padding-top: 56.25%; /* ここにつける */
}
.map iframe {
  〜省略〜
}
```

この問題は、要素自身ではなくその要素のbefore擬似要素にpadding-topをつけることで解決します。**擬似要素に対してpadding-topをつけておけば、自分自身の幅がどのように変わっても常に自分の幅を基準にアスペクト比を算出できる**ようになります。

padding-topハックを使ってアスペクト比を確保し、かつ自分自身の幅が100%以外の状態になる可能性がある場合には、擬似要素に対してpadding-topをつけるようにしておくのがよいでしょう。

LESSON 07

カード型レイアウト

カード型レイアウトは画像＋テキストで構成されることが多くなります。実務では画像のレスポンシブに対してきめ細やかな対応を行う必要が出てきますので、その対応方法を学びましょう。

▶ サムネイルカード

サムネイルカードレイアウトの場合、サムネイルエリアを背景画像で実装するケースと、img画像で実装するケースに分かれます。背景画像とimg画像ではレスポンシブの対応方法が変わってきますので、それぞれのケースについて実装方法を見ていきましょう。

なお、このセクションではマルチカラム化のレイアウト自体はLesson04のサンプル04-05（p.64）と同じ手法を採用しているので、解説は省略します。

▶ 背景画像サムネイル　　　　　　　　　　　　LESSON 07 ▶ 07-01

（SP表示）　　　（PC表示）

```html
<ul class="cardList">
  <li class="cardList__item">
    <a href="#" class="card _card01">
      <p class="card__txt">この文章はダミーです。文字の大きさ、量、…</p>
    </a>
  </li>
  <li class="cardList__item">
    <a href="#" class="card _card02">
      <p class="card__txt">この文章はダミーです。文字の大きさ、量、…</p>
    </a>
  </li>
  <li class="cardList__item">
    <a href="#" class="card _card03">
      <p class="card__txt">この文章はダミーです。文字の大きさ、量、…</p>
    </a>
  </li>
  <li class="cardList__item">
    <a href="#" class="card _card04">
      <p class="card__txt">この文章はダミーです。文字の大きさ、量、…</p>
    </a>
  </li>
</ul>
```

```css
.card {
  display: block;
  border: 1px solid #e7e7e7;
  border-radius: 5px;
  color: inherit;
  text-decoration: none;
  transition: color .3s;
}
.card::before {
  content: "";
  display: block;
  aspect-ratio: 16 / 9;
  border-radius: 5px 5px 0 0;
  background-position: center;
  background-size: cover;
  transition: .3s;
}
.card__txt {
  margin: 20px;
}
/*サムネイル画像指定*/
.card._card01::before {
  background-image: url(img/001.jpg);
}
```

```css
}
.card._card02::before {
  background-image: url(img/002.jpg);
}
.card._card03::before {
  background-image: url(img/003.jpg);
}
.card._card04::before {
  background-image: url(img/004.jpg);
}

/*hover*/
.card:hover {
  color: tomato;
}
.card:hover::before {
  opacity: 0.7;
}
```

背景画像で作るサムネイルのポイントは、前述のaspect-ratioとbackground-sizeプロパティを組み合わせる点です。**background-size: cover** を設定しておくことで指定領域のサイズがどのように変化しても自動的に背景画像で覆ってくれるため、サムネイルエリアの画像のコントロールが楽であることがメリットです。例えば、このサンプルで使用しているサムネイル画像の実寸サイズは640×480（1：3）ですが、CSSによって16：9の比率でトリミングして表示しています。

一方、使用する画像をCSSで指定するので、**頻繁に更新が必要となる場合はメンテナンス性が悪い**というデメリットが生じます。特にCMS組み込みなどで動的な出力が必要な場合は、**background-imageプロパティだけをHTML側にstyle属性で指定する**など、更新性の悪さをカバーする配慮が必要です。

CMSからの動的出力を考慮したコード例

`HTML`

```html
<ul class="cardList">
  <li class="cardList__item">
<a href="#" class="card">
  <div class="card_thumb" style="background-image: url(img/001.jpg)"></div>
  <p class="card__txt">この文章はダミーです。文字の大きさ、量、...</p>
</a>
  </li>
  〜以下省略〜
</ul>
```

CSS

```
.card {
～同一であるため省略～
}
.card__thumb {
  display: block;
  aspect-ratio
  border-radius: 5px 5px 0 0;
  background-position: center;
  background-size: cover;
  transition: .3s;
}
.card__txt {
  margin: 20px;
}
/*サムネイル画像指定は削除*/
～以下省略～
```

> **Memo**
>
> style属性では擬似要素に
> スタイルを当てることがで
> きないため、この場合は空
> divを追加して画像表示エ
> リアを確保しています。

▶ img画像サムネイル

LESSON 07 ▶ 07-02

HTML

```
<ul class="cardList">
  <li class="cardList__item">
    <a href="#" class="card">
      <div class="card__thumb"><img src="img/001.jpg" alt="写真：赤いハイビスカス
"></div>
      <p class="card__txt">この文章はダミーです。文字の大きさ、量、…</p>
    </a>
  </li>
  ～以下省略～
</ul>
```

CSS

```
～省略～
.card__thumb {
  transition: .3s;
}
.card__thumb img{
  max-width: none;
  width: 100%;
  aspect-ratio: 16 / 9;
  object-fit: cover;
  border-radius: 5px 5px 0 0;
}
～省略～
```

商品写真など、画像自体が情報としての意味を持つようなサムネイル画像の場合は、マークアップの観点から背景画像ではなくimg画像を配置します。また、装飾としての意味合いが強いイメージ画像でも、背景画像化した場合の更新性の悪さを嫌う場合にはimg画像で実装するという選択肢もあります。

　この場合、実画像そのままのアスペクト比で表示するなら何の問題もないのですが、実画像と表示上のアスペクト比を変えたい場合はひと工夫が必要となります。

　特にクライアント自身が更新作業を行うCMS案件では、制作者サイドで登録する画像のサイズや比率を制御しきれないことが多いため、バラバラの素材が出力されてくることは十分に想像できます。デザイン段階では比率の揃った素材を準備できていたとしても、運用時にそれを維持できる保証がない場合にはあらかじめ対応できるように実装しておく必要があります。

　このような場合は **object-fit** を使うことで比較的簡単に解決できます。

（**object-fit** なし）　　　　　　　　　　（**object-fit** あり）

　object-fitはimg要素にpxなどの固定値でサイズを指定すればそのサイズの中に収まるように画像をトリミングしてくれますが、それ単体でアスペクト比を保ちつつ、さらに画像をレスポンシブ化することは基本的にできません。固定サイズでトリミングするのではなく、レスポンシブ対応でのトリミングを行いたい場合は、aspect-ratioなどの**アスペクト比を固定するテクニックと組み合わせて使用**することになります。

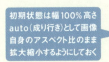

メディアカード

　画像とタイトル・本文抜粋などのテキスト類を横並びにするレイアウトは、メディア系サイトの記事インデックスなどでよく使用されるため、メディアレイアウト、メディアカードなどと呼ばれることがあります。これも非常によくあるレイアウトパターンの1つです。
　このタイプのレイアウトはfloat・flexbox・gridのいずれでも実装可能ですが、今回はflexboxで実装することを前提に実装上の注意点を見ていきましょう。

▶ サムネイル幅のみ指定した場合の問題点　　　LESSON 07 ▶ 07-03

HTML

```
<ul>
  <li>
    <a href="#" class="media">
```

```
        <div class="media__thumb"><img src="img/001.jpg" alt="写真：赤いハイビスカス
"></div>
        <div class="media__body">
          <p class="media__catch">キャッチコピーテキスト</p>
          <p class="media__txt">テキストが入ります。テキストが入ります。テキストが入ります。テキ
ストが入ります。テキストが入ります。テキストが入ります。</p>
        </div>
      </a>
    </li>
〜省略〜
</ul>
```

CSS

```
.media {
  display: flex;
  align-items: center;
  gap: 20px;
  padding: 20px 0;
  border-bottom: 1px solid #e7e7e7;
  color: inherit;
  text-decoration: none;
  transition: color .3s;
}
.media__thumb {
  transition: .3s;
  width: 30%;
}
.media__body {
  font-size: 14px;
}
.media__catch {
  font-weight: bold;
}
.media__txt {
  margin-top: 1em;
  font-size: 0.8em;
}
〜省略〜
```

　メディアカードの場合、基本的にサムネイル画像エリアに何らかのサイズ
指定（％、pxなど）をしておき、テキストエリアは残りの幅いっぱいまでな
りゆきで配置したいという場合がほとんどでしょう。
　flexboxレイアウトはdisplay: flexとするだけでボックスを横並びにして
くれるので便利ではあるのですが、レイアウトの意図そのままにサムネイル
エリアだけ幅指定した場合、次のような表示になってしまいます。

サムネイルだけwidth指定した場合の表示

　flexboxの場合、コンテンツが1行に収まるように自動的にアイテム幅を調節します。この時、各アイテムの縮小率を指定する**flex-shrinkの初期値が1**（縮小する）になっているため、同じ行内に幅が指定されていない長文テキストがある場合、画像が押し込まれて縮小してしまいます。どの程度押し込まれてしまうかは隣接するアイテム内のテキスト量によって変動するので、このようにガタガタの表示になってしまうのです。

▶ サムネイル幅のガタツキ防止例①

LESSON 07　07-04

```css
.media__thumb {
  transition: .3s;
  width: 30%;
  flex-shrink: 0;
}
```

　ガタツキ防止例の1つ目は、サイズ指定したいサムネイル側のボックスに、**flex-shrink: 0** を付けておくことです。flex-shrink: 0が設定されれば、指定した幅以下になることはありませんので、一番お手軽な対処法であると言えます。

サムネイルにflex-shrink:0を設定した場合の表示

　ただし、実はこれだけではテキストボックス側のサイズはコンテナ幅いっぱいまで広がる状態にはなっていません。試しにテキストボックス側にダミーの背景色を付けてみるとこのような状態になっています。

サムネイルにflex-shrink:0を設定した場合の表示

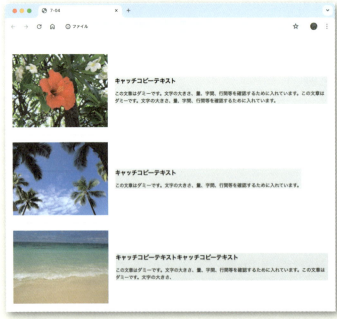

　今回のサンプルのようなデザインであれば仮にテキストボックス側のサイ

ズが揃っていなくても表示上問題はないかもしれませんが、テキストボックス側に背景色やborderが付くようなデザインであった場合にはおおいに問題が生じます。

サムネイル幅のガタツキ防止例②

LESSON 07　07-05

```css
.media__thumb {
  transition: .3s;
  width: 30%;
  /* flex-shrink: 0;　なくてもかまわない*/
}
.media__body {
  width: calc(70% - 20px);
  font-size: 14px;
}
```

　テキストボックス側の幅もきちんとコンテナの端まで伸ばすようにするためには、やはりすべてのアイテムにwidthまたはflex-basisで幅を指定するのが確実です。すべてのアイテムに正しく幅が指定されていれば、flex-shrinkの値は初期値のままでも問題は生じません。

各カラムにwidthを指定した場合の表示

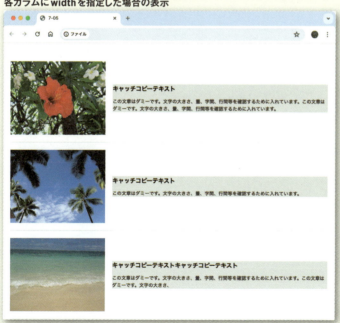

ただし、同じメディアカードのコンポーネントであっても

- サムネイルがあるものとないものが存在する
- サムネイルがない場合は自動的にテキストボックスが全幅で表示される

という仕様にしたい場合はテキストボックス側にあらかじめ幅を指定しておくわけにはいきません。

➡ サムネイル幅のガタツキ防止例③

LESSON 07 ➡ 07-06

`CSS`

```css
.media__thumb {
  transition: .3s;
  width: 30%;
  flex-shrink: 0;
}
.media__body {
  flex-grow: 1;
  font-size: 14px;
}
```

サムネイルエリアの取り外しが可能なメディアカードとして組む場合は、

- サムネイルエリアに flex-shrink: 0 + 幅指定
- テキストエリアに flex-grow: 1

という設定にしておくのがおすすめです。flex-grow: 1としておけばテキストエリアのボックスは常にコンテナの残りの余白をすべて埋めるように引き伸ばされて表示されるため、サムネイルエリアが存在すれば70%、サムネイルエリアが存在しなければ100%で表示されるようになります。

サムネイルが取り外し可能となるように実装した場合の表示

LESSON 08

市松レイアウト

メディアレイアウトの応用で、画像エリアとテキストエリアを1：1で分割して、
1行ずつ左右交互に配置するレイアウトもよく見かけます。
特別な名前は付いていませんが、本書では市松レイアウトと呼ぶようにしたいと思います。

▶ 基本の市松レイアウト

　市松レイアウトは、基本的にSP用とPC用で縦並び／横並びが切り替わるのが前提となっています。1：1で左右に分割し、片側にはテキストが入りますので、そのままSP用に同じレイアウトを持ち込むとその多くはレイアウトが破綻するからです。多くの場合、SP用では同じレイアウトを繰り返す形になりますので、まずSP用のレイアウトを実装してから、PC用に横並びに変更するモバイルファーストの組み方と相性がよいレイアウトです。

▶ SP用のレイアウトを実装する

LESSON 08 ▶ 08-01

HTML

```
<section class="alternate">
  <div class="alternate__body">
```

```html
      <h2 class="alternate__ttl">常夏の楽園</h2>
      <p class=" alternate__txt">この文章はダミーです。文字の大きさ、量、字間、…</p>
    </div>
    <figure class="alternate__thumb">
      <img src="img/001.jpg" alt="写真：赤いハイビスカス">
    </figure>
  </section>
～以下省略～
```

CSS

```css
.alternate {
  display: flex;
  flex-direction: column-reverse;
}
.alternate__body {
  padding: 30px;
  background: #f9fae9;
}
.alternate__ttl {
  text-align: center;
  font-size: 18px;
  letter-spacing: 0.2em;
}
.alternate__sttl {
  display: block;
  font-size: 10px;
}
.alternate__txt {
  margin-top: 20px;
  line-height: 1.7;
}
.alternate__thumb img {
  max-width: none;
  width: 100%;
}
```

　SP用ではすべてのブロックが同じレイアウトになりますので、まずはSP用の1ブロックを実装します。構成要素は画像＋見出し＋テキストの3つですが、マークアップはPC用で横並びになった時のレイアウトを意識して、**大きく画像と見出し＆テキストの2つのブロックに分割**しておきましょう。また、セクションの冒頭は見出しで始まるほうが望ましいので、上から順に見出し＆本文→画像となるようにマークアップしておきます。

　実現したいレイアウトでは画像のほうが上に配置されますが、これはflexboxレイアウトで実装し、flex-directionを**column-reverse**とすることで実現可能です。

▶ PC用のレイアウトを実装する　　　LESSON 08　▶ 08-02

```css
@media (min-width: 768px) {
  .alternate {
    flex-direction: row-reverse;
  }
  .alternate__body {
    width: 50%;
    display: flex;
    flex-direction: column;
    justify-content: center;
  }
  .alternate__thumb {
    width: 50%;
  }
}
```

メディアクエリで768px以上の時に横並びになるように変更します。既にflexbox化していますので、基本的にはflex-directionをrow-reverseとすれば横並びとなります。

ただし縦幅に対して見出し＋テキストのコンテンツは上下中央に配置したいので、テキストブロックのほうを再度display: flexとし、こちらはflex-direction: columnとした上でjustify-content: centerとしておきましょう。

flexアイテム自身に**display: flex**を指定して**flexbox**の入れ子を作ることで、複雑なレイアウトでもかなり自由に作ることができるようになります。

▶ PC用のレイアウトを交互に左右入れ替える　　LESSON 08 ▶ 08-03

```
<section class="alternate">
    〜省略〜
</section>

<section class="alternate _reverse">
    〜省略〜
</section>

<section class="alternate">
    〜省略〜
</section>
```

113

CSS

```
@media (min-width: 768px) {
  .alternate {
    flex-direction: row-reverse;
  }
  .alternate._reverse {
    flex-direction: row;
  }
  〜省略〜
}
```

　PC用のレイアウトの左右を入れ替えるには、偶数番目のブロックのflex-directionをrowに変更します。指定方法としては各ブロックに偶数か奇数かを判別するためのclassを追加する方法と、市松レイアウト領域全体を囲む親要素を追加して、親要素内での出現順で自動的に軸方向が変更されるようにする方法の2つが考えられます。どちらでも実現可能ですが、今回は前者を採用することにします。

Point

前者のメリットは単体で使用した時に画像の左置き・右置きを任意に指定できること、後者のメリットは複数配置した場合にアイテムの追加削除や順番の入れ替えが簡単にできることであり、デメリットはその逆となります。
どちらを選択するかは最終的な利用シーンを考慮して決定するようにしましょう。

➡ テキスト量が増えても問題ないように調整

LESSON 08 ● 08-04

HTML

```html
<section class="alternate">
  <div class="alternate__body">
    <h2 class="alternate__ttl">常夏の楽園</h2>
    <p class="alternate__txt">この文章はダミーです。文字の大きさ、量、字間、行間等を確認するために入れています。この文章はダミーです。文字の大きさ、量、字間、行間等を確認するために入れています。この文章はダミーです。文字の大きさ、量、字間、行間等を確認するために入れています。</p>
    <p class="alternate__txt">この文章はダミーです。文字の大きさ、量、字間、行間等を確認するために入れています。この文章はダミーです。文字の大きさ、量、字間、行間等を確認するために入れています。この文章はダミーです。文字の大きさ、量、字間、行間等を確認するために入れています。</p>
  </div>
  <figure class="alternate__thumb">
    <img src="img/001.jpg" alt="写真：赤いハイビスカス">
  </figure>
</section>
```

```css
@media (min-width: 768px) {
  ～省略～
  .alternate__thumb img {
    height: 100%;
    object-fit: cover;
  }
}
```

（修正前）

（修正後）

　市松レイアウトは、画像のサイズに対してテキスト量が少ない場合はどのような幅で閲覧しても比較的問題なく表示されます。しかしテキスト量が多くなって**テキストエリアの高さが画像の高さを超える状態になると、画像エリアに余白が生じてレイアウトが崩れてしまいます**。テキスト量が固定されていて変わらないなら気にする必要はないのですが、将来のことは誰にもわかりませんので、念の為テキスト量が増えても画像の高さとテキストエリアの高さが常に揃うように調整しておきましょう。

　今回はflexboxでの横並びで.alternate__thumbと.alternate__bodyの高さは既に揃っていますので、画像の高さをheight: 100%とし、画像が歪んでしまわないようにobject-fitでトリミング調整すれば完成です。

市松レイアウト応用例

　完全な市松レイアウトだとカッチリしすぎて単調になりがちであるため、これをさらにアレンジして、画像とテキストのエリアを少しずらして配置するレイアウトも非常によく見かけます。Lesson10の「ブロークングリッドレイアウト」にもつながるアレンジ手法ですので、配置された状態から要素を「ずらす」というテクニックに慣れておきましょう。

完成デザイン

1カラム縦並びレイアウト時のずらし方

LESSON 08　08-05

HTML

```
<section class="alternate _normal">
  <div class="alternate__body">
    <h2 class="alternate__ttl">常夏の楽園</h2>
```

```
    <p class="alternate__txt">この文章はダミーです。文字の大きさ、量、字間、行間等を確認するた
めに入れています。この文章はダミーです。文字の大きさ、量、字間、行間等を確認するために入れています。この文
章はダミーです。文字の大きさ、量、字間、行間等を確認するために入れています。</p>
  </div>
  <figure class="alternate__thumb">
    <img src="img/001.jpg" alt="写真：赤いハイビスカス">
  </figure>
</section>

<section class="alternate _reverse">
〜省略〜
</section>

<section class="alternate _normal">
〜省略〜
</section>
```

CSS

```
〜省略〜
/*ずらし用の指定*/
@media (max-width: 767px) {
  .alternate__body {
    margin-top: -40px; /*テキストボックスを上に40pxずらす*/
    padding-top: 60px; /*重なり分の上余白を確保*/
  }
   /*左右交互に横にずらす*/
  .alternate._normal .alternate__thumb {
    margin-left: -20px;
  }
  .alternate._normal .alternate__body {
    margin-right: -20px;
  }
  .alternate._reverse .alternate__thumb{
    margin-right: -20px;
  }
  .alternate._reverse .alternate__body{
    margin-left: -20px;
  }
}
```

　1カラムで縦積みされているボックスを上下左右にずらす場合は、Less
on04でも学習した**ネガティブマージン**（負の値を持つmargin）を使うのが
一番手軽な方法です。特に上下方向へのずらしがある場合、ネガティブマー
ジンであればずらしたボックスに続く後続ボックスの位置も自動的に追随し
てきますので、縦積みで並ぶ状態に影響を与えません。

なお、交互で上書きすべきプロパティの数が増えてくると打ち消し指定が多くなって管理がしづらくなるため、サンプル08-05では通常配置は「_normal」、反転配置は「_reverse」とそれぞれにclassを付けています。SP用のずらし指定でメディアクエリをmax-width: 767pxで切り分けているのも同じ理由です。

ずらし方の図解（SP）

▸ 2カラム横並びレイアウト時のずらし方

LESSON 08　▸　08-06

　PCでのレイアウトのように2カラムで横並びになっているボックスをずらす場合は、やや複雑です。作りたいデザインにもよるので一概には言えませんが、ネガティブマージンだけではうまく対処できないケースも出てきます。今回のデザインをベースとなる市松レイアウトの状態から比較してどのようにずらして配置したいのかをわかりやすく図示すると次のようになります。

ずらし方の図解（PC）

ネガティブマージンは、**自身のボックスを外側に引き伸ばし、同時に隣接するボックスをひっぱるような挙動が発生**しますので、単純にネガティブマージンを設定しただけでは次のような状態になってしまいます。

ネガティブマージンでずらそうとした場合

```css
@media (min-width: 768px) {
～省略～
  /*ずらし用の指定*/
  .alternate__body {
    margin-bottom: -40px;
    margin-left: -80px;
  }
}
```

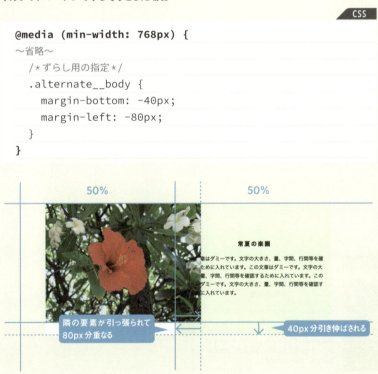

今回のレイアウトを比較的簡単に実装するためには、複数のずらしのテクニックを組み合わせて使用する必要があります。

サンプル08-06

```
@media (min-width: 768px) {
  ～省略～
  .alternate + .alternate {
    margin-top: 80px; /*後続ボックスとの余白を確保*/
  }
  ～省略～
  /*ずらし用の指定*/
  .alternate__body {
    position: relative;
    top: 40px; /*元の位置を基準に単純に40px下にずらす*/
    width: calc(50% + 80px); /*あらかじめ80px分広げる*/
  }
  .alternate__thumb {
    position: relative;
    z-index: 1;
  }
  .alternate._normal .alternate__body {
    margin-left: -80px; /*ネガティブマージンで広げた分を相殺*/
    padding-left: 110px; /*重なり分の余白を確保*/
  }
  .alternate._reverse .alternate__body {
    margin-right: -80px;
    padding-right: 110px;
  }
}
```

position: relative 併用例

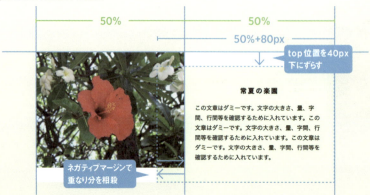

　まず上下方向のずらしは、自身の位置だけを本来の配置場所からずらして配置することができる「**position: relative**」を使います。ネガティブマージンと違って自身のサイズが引き伸ばされることはないので、単純にそのまま

下にずらすことができます。

　次に左右方向については、本来画像ボックス：テキストボックスは１：１なのですが、テキストボックスが80px分だけ伸びて画像ボックスに重なった状態となっています。つまりテキストボックスのwidthは50%ではなく、50% + 80px にする必要があるのです。ところがそうすると画像＋テキストのボックス幅合計が親要素の100%を超えてしまいますので、この超えてしまった80px分を**ネガティブマージンで相殺**することで親ボックス内に収めるようにしています。

　最後に、ボックスの重なり順を調整するために画像ボックス側にz-index: 1を設定すれば完成です。

　このようなレイアウトは作りたいデザインによって最適なずらしのテクニックの選択肢が変わってくることもありますが、まずはずらさないノーマルな状態での配置を作っておき、そこからどこをどのようにずらしたいのかを正確に把握して、順を追ってずらしていくようにするとよいでしょう。

LESSON 09

背景色エリア

Lesson09では、いったんコンポーネント単位のレイアウト手法から離れてページ単位での
レイアウトに目を向けてみます。注目したいのは「背景色エリアの扱い」です。
ここでは少しアレンジの効いた背景色エリアの実装方法について解説します。

▶ 全幅のセクション背景色

　近年のWebデザインでは余白をゆったり取り、セクションの区切りで交
互に、あるいは特定のセクションのみ幅いっぱいまで背景色で塗りつぶすよ
うにデザインされるケースが増えています。
　背景色エリアはブラウザ幅いっぱいまで広がりますが、その中のコンテン
ツ領域については一定の幅で固定されるようにすることが大半であるため、
どのようにして背景色エリアとコンテンツエリアをコーディングしたら効率
がよいか？　という問題が生じます。
　まず構造的には大きく分けて次の2パターンが考えられます。

❶セクションごとにコンテナ枠を背景枠の内側に配置し、外側の背景枠の
　み全幅とする
❷1つのコンテナ枠の中にセクションを縦積み配置し、内側からコンテナ
　を超えて背景だけ広げる

全幅背景エリアとコンテナの関係

❶セクションの内側にコンテナ枠　　❷コンテナ枠の内側にセクション

┈┈┈ ……セクション　　┌─┐ ……コンテナ

❶と❷それぞれの方法について具体的な実装方法とメリット・デメリットを見ていきましょう。

▶ 背景枠の中にコンテナ枠を入れるパターン　　LESSON 09　09-01

HTML
```
<section class="section">
  <div class="container">
    <h2 class="section__ttl">常夏の楽園</h2>
    <p class=" section__txt" >この文章はダミーです。……</p>
  </div>
</section>
<section class="section _bg">
  <div class="container">
    <h2 class="section__ttl">ハワイの青い空</h2>
    <p class="section__txt">この文章はダミーです。……</p>
  </div>
</section>
〜以下省略〜
```

CSS
```
/*--------------------------------------
  container
--------------------------------------*/
.container { /*コンテンツ最大幅を固定*/
  max-width: 1040px;
  margin: 0 auto;
  padding: 0 20px;
```

123

```
    outline: 1px dashed red; /*ダミー*/
}

/*------------------------------------
  section
------------------------------------*/
.section { /*外枠sectionはwidth:auto = 全幅*/
    padding-top: 50px;
    padding-bottom: 50px;
}
.section._bg { /*背景色を付ける*/
    background: #cdecf0;
}
.section__ttl {
    margin-bottom: 1em;
    font-size: 24px;
    letter-spacing: 0.2em;
}
.section__txt {
    line-height: 1.8;
}
```

❶の方法は幅を固定するコンテナ枠が各セクションの内側にあるので、背景色を幅いっぱいまで広げることは自体は難しくありませんが、セクションごとに必ず背景用とコンテナ用で二重の枠が必要となるため、マークアップが少々煩わしいのが難点です。

ただ、この方法は特別なテクニックも必要なく素直に作れる点と、セクションごとに固定するコンテナの幅がバラバラであるようなデザインにも簡単に対応できる点がメリットです。

> **Memo**
>
> コンテナ枠が親要素の.sectionという名称を継承せずに独立したclass名になっているのは、この枠をサイト全体で使用する共通のコンテナ枠設定として使用することを想定しているからです。仮にブロックごとにコンテンツの最大幅が異なるなど、一律ではなくブロックごとに固有のコンテナ幅を持たせたい意図が強いのであれば、.section__innerのように親要素に所属する部品として命名したほうが作りやすいでしょう。

▶ コンテナ枠の中から背景を広げるパターン　　LESSON 09 ▶ 09-02

HTML

```html
<div class="container">
  <section class="section">
    <h2 class="section__ttl">常夏の楽園</h2>
    <p class=" section__txt ">この文章はダミーです。…</p>
  </section>
  <section class="section _bg">
    <h2 class="section__ttl">ハワイの青い空</h2>
    <p class=" section__txt">この文章はダミーです。…</p>
  </section>
  <section class="section">
    <h2 class="section__ttl">天国の海</h2>
    <p class=" section__txt">この文章はダミーです。…</p>
  </section>
</div>
```

CSS

```css
/*----------------------------------------
  container
----------------------------------------*/
.container { /*一律でページ全体のコンテンツ最大幅を固定*/
  max-width: 1040px;
  margin: 0 auto;
  padding: 0 20px;
}


/*----------------------------------------
  section
----------------------------------------*/
.section {
  padding-top: 50px;
  padding-bottom: 50px;
}
.section._bg { /*全幅背景*/
  margin-left: calc(50% - 50vw);
  margin-right: calc(50% - 50vw);
  background: #cdecf0;
}
```
〜以下省略〜

❷の方法は、サイト全体でコンテンツの固定幅が原則一律で、セクションが縦積みで配置される基本構造の中で、一部のセクションのみ背景色を幅いっぱいまで広げたいものが混ざるようなケースで重宝します。

この手法は各セクションのマークアップをシンプルに組めることが最大のメリットです。また、セクション全体の背景ではなく、「セクション内の見出しエリア背景だけ幅いっぱいまで広げたい」といった、部分的にコンテナ枠を超えて全幅にしたいケースでも使えるので是非マスターしておきたい手法です。

技術的には左右のネガティブマージンで要素を外側に広げるテクニックの応用なのですが、その際、左右のmarginを **calc(50% - 50vw)** とすることがポイントです。

わかりやすいように左側だけで考えると、margin-left: 50%でまず**親要素の半分だけ余白を付けて**コンテンツの開始位置を中央にずらしたあと、margin-left: -50vwで**画面幅の半分だけ戻す**という調整をしています。これを右側も同様に行うことで、子要素を画面中央から左右に画面幅いっぱいまで引き伸ばす状態を実現しているのです。

calc()を使ったコンテナ超え領域作成の仕組み

▶ 背景全幅＋コンテンツ幅固定のパターン　　LESSON 09　09-03

```css
.section._bg { /*全幅背景*/
  margin-left: calc(50% - 50vw);
  margin-right: calc(50% - 50vw);
  padding-left: calc(50vw - 50%);
  padding-right: calc(50vw - 50%);
  background: #cdecf0;
}
```

　margin: 0 calc(50% - 50vw)と書いただけでは、コンテンツの中身も幅いっぱいまで広がってしまいます。今回のようにコンテンツの中身はコンテナ幅に揃える必要がある場合には、左右のpaddingを **calc(50vw - 50%)** としておきましょう。こちらはcalc()の中の計算値がmarginとは逆になります。こちらもわかりやすいように左側だけで考えると、まずpadding-left: 50vwで**画面の半分の余白を確保**し、そこからpadding-left: -50%とすることで**親要素の半分だけpaddingを削る**という調整をしています。これを右側も同様に行うことで、親要素と同じ幅のコンテンツ領域を残して左右の領域をpaddingで画面の端まで埋めています。

コンテナ超え領域の中でコンテンツ幅を固定する仕組み

①いったん画面幅の半分の余白を確保してから…　　②親要素の50%だけ余白を削る

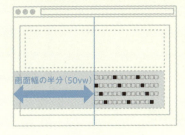

　この手法は非常に便利ですが、vwを使うためどうしてもスクロールバーの幅の分だけコンテンツの幅との間に差分が生じ、それが原因で左右にスクロールバーが出てしまうという問題があります。これを解決するには、親要素のどこかで**overflow: hidden**を入れる必要があります。筆者はhtml要素とbody要素の両方にoverflow-x: hidden;（※ウィンドウ全体にかかわるので横方向のみ）を指定することで解決しています。

片側だけブラウザ端まで広がる背景

　背景色は全幅だけでなく、配置された場所から片側にだけ端まで広がるようにデザインされているものも多く見られます。そうしたものはたいてい隣り合う要素から上下方向にもずらして配置されていたりするなど、パッと見ただけではどうやって実装したらよいのか悩んでしまうようなものも少なくありません。片側にだけブロックが広がる「片流れ」のレイアウトの実装方法には1つの決まった正解というものはありませんが、いくつか実装のアイデアがありますので、引き出しを増やすために1つずつ見ていきましょう。

calc()で片側にだけボックスを広げる　　　LESSON 09　09-04

HTML

```html
<div class="container">
  <section class="section">
    <header class="section__header _normal">
      <h2 class="section__ttl">常夏の楽園</h2>
    </header>
    <p class=" section__txt">この文章はダミーです。…</p>
  </section>
  <section class="section">
    <header class="section__header _reverse">
      <h2 class="section__ttl">ハワイの青い空</h2>
    </header>
    <p class=" section__txt">この文章はダミーです。…</p>
  </section>
  〜以下省略〜
</div>
```

`CSS`

```css
.section__header::after {
  content: "";
  display: block;
  height: 10vw;
  min-height: 100px;
  background: #cdecf0;
}
.section__header._normal::after {
  margin-left: calc(50% - 50vw);
}
.section__header._reverse::after {
  margin-right: calc(50% - 50vw);
}
```
〜以下省略〜

　1つ目のアイデアは、サンプル09-03で紹介した**calc(50% - 50vw)を片側だけに適用**する手法です。

　h2要素をheader要素で囲み、after擬似要素で装飾用の背景ボックスをコンテナ枠内の幅100%でまず作成しておき、それを片側だけブラウザ端まで引き伸ばすことで「片流れ」の状態を実現しています。ベースとなる状態がコンテナ幅と同じで、そこから片方にだけはみ出すようなケースではこの手法が一番簡単に実装できます。上下方向のネガティブマージンとも併用すれば、「片流れ」でかつ「重なり」の表現も可能です。

/ Memo |

このサンプルでは背景色で塗りつぶしていますが、背景画像を入れてもよいですし、object-fitを使う前提でimg画像を配置してもよいので、様々なケースに対応可能です。

CHAPTER 2　応用レイアウト

擬似要素を絶対配置する

LESSON 09　09-05

（SP表示）　　　（PC表示）

HTML

```
<section class="section">
  <div class="alternate _normal">
    <div class="alternate__body">
      <h2 class="alternate__ttl">常夏の楽園</h2>
      <p class=" alternate__txt">この文章はダミーです。…</p>
    </div>
    <figure class="alternate__thumb">
      <img src="img/001.jpg" alt="写真：赤いハイビスカス">
    </figure>
  </div>
</section>
<section class="section">
  <div class="alternate _reverse">
    <div class="alternate__body">
      <h2 class="alternate__ttl">ハワイの青い空</h2>
```

```
      <p class=" alternate__txt">この文章はダミーです。…</p>
    </div>
    <figure class="alternate__thumb">
      <img src="img/002.jpg" alt="写真：青い空とヤシの木">
    </figure>
  </div>
</section>
```

CSS

```
/*-------------------------------------
  Alternate
-------------------------------------*/
～省略～
.alternate__thumb {
  position: relative;
}
.alternate__thumb::after {/*擬似要素で前面オブジェクトと同じサイズの影を作る */
  position: absolute;
  top: -30px;
  z-index: -1;
  content: "";
  display: block;
  width: 100%;
  height: 100%;
  background: #cdecf0;
}
.alternate._normal .alternate__thumb::after {
  right: 30px; /*基準点が右端となるようにrightでずらす */
}
.alternate._reverse .alternate__thumb::after {
  left: 30px; /*基準点が左端となるようにleftでずらす */
}
/*for PC*/
@media (min-width: 768px) {
  ～省略～
  .alternate._normal .alternate__thumb::after {
    right: 50px;
    width: 50vw; /*widthでボックス幅自体を広げる */
  }
  .alternate._reverse .alternate__thumb::after {
    left: 50px;
    width: 50vw;
  }
}
```

サンプル09-05のような「影」としての背景色エリアは、レスポンシブで前面オブジェクトの形状が変化した場合、基本的にそれに連動して同じようにサイズが変わるようにしておく必要があります。そのためまず前面オブジェクトを基準として擬似要素を **position: absolute で絶対配置**し、width／heightを100%とすることで連動して形が変化するボックスを作成し、それをleft／right／top／bottomなどのプロパティで必要な量だけずらすようにします。

また、絶対配置している要素を親要素の幅に関係なくブラウザ端まで伸ばしたい場合は、ネガティブマージンではなく **widthで直接vw単位の幅を指定**しておけば問題ありません。今回は1：1で横並びしているボックスの中央のラインからブラウザ端までのサイズを指定することになるので、単純に50vwとしています。

> **Memo**
>
> 厳密に言えば影のスタート位置はPCレイアウトの場合中央から50pxずれているので、calc(50vw - 50px)としたほうが正確ではあるのですが、ブラウザ幅からはみ出した分についてはbody要素でoverflow-x: hiddenで非表示とするようになっているので、50vwのままでも表示に影響はありません。

▶ 背景色のグラデーションで塗り分ける　　LESSON 09　09-06

（SP表示）

（PC表示）

HTML

```html
<section class="bigCard">
  <div class="bigCard__inner">
    <div class="bigCard__body">
       <h2 class="bigCard__ttl">常夏の楽園</h2>
       <p class=" bigCard__txt ">この文章はダミーです。…</p>
    </div>
    <figure class="bigCard__thumb">
       <img src="img/001.jpg" alt="写真：赤いハイビスカス">
    </figure>
  </div>
</section>
```

CSS

```css
/*----------------------------------------
  bigCard
----------------------------------------*/
.bigCard {
  padding-bottom: 30px;
  background: #cdecf0;
}
.bigCard__inner {
  display: flex;
  flex-direction: column-reverse;
}
.bigCard__body {
  position: relative;
  z-index: 1;
  margin: -30px 30px 0;
  padding: 30px;
  background: #fff;
  box-shadow: 0 0 8px rgba(0,0,0,.2);
}
.bigCard__ttl {
  font-size: 20px;
  text-align: center;
}
.bigCard__txt {
  margin-top: 10px;
  line-height: 1.8;
}
.bigCard__thumb img {
  max-width: none;
  width: 100%;
}
/*for PC*/
@media (min-width: 768px) {
  .bigCard { /*エリア背景をグラデーションで塗り分ける*/
```

```css
  background: linear-gradient(
  to bottom,
  #fff 100px,
  #cdecf0 100px,
  #cdecf0 calc(100% - 130px),
  #fff calc(100% - 130px));
}
.bigCard__body {
  max-width: 800px;
  margin: -80px auto 0;
  padding: 50px;
}
.bigCard__ttl {
  font-size: 32px;
}
.bigCard__txt {
  margin-top: 30px;
  line-height: 2;
}
.bigCard__thumb {
  width: 100%;
  height: 500px;
  max-width: 1000px;
  margin: 0 auto;
}
.bigCard__thumb img {
  width: 100%;
  height: 100%;
  object-fit: cover;
}
}
```

　ずれた状態の背景色を実装するもう1つのアイデアとして、ボックスそのもののサイズや余白を変化させるのではなく、**linear-gradient()で塗り分けてしまう**というものもあります。この手法だと視覚的にずれたように見せているだけで物理的には単純なボックスの状態が維持されているため、隣接する要素との配置の兼ね合いなど、考慮すべき項目が減ってレイアウトが楽なのがメリットです。実際に使える場面は少ないかもしれませんが、アイデアの1つとして持っておいても損はないでしょう。

LESSON 10

ブロークングリッドレイアウト

近年規則的なグリッド線をあえて外して要素を配置する「ブロークングリッドレイアウト」と呼ばれるレイアウト手法が増えてきています。Chapter2の仕上げとして総合的なコーディング力が必要とされるブロークングリッドレイアウトの実装に挑戦してみましょう。

▶ ブロークングリッドレイアウトとは

　ブロークングリッドレイアウトの典型的な手法として「**重ねる・はみ出す**」といったものがあります。いくつか事例をあげてみましょう。

きなりと（https://kinarito.net/）

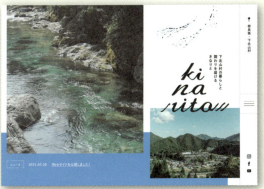

アビルキャンプリゾート那須（https://habilecamp.com/）

SEN CRANE SERVICE（https://sencraneservice.com/）

ATAMI せかいえ（https://www.atamisekaie.jp/）

これらに共通する特徴として「大きなビジュアルに他の要素を重ねる」「画像からはみ出すようにキャッチコピーなどを配置する」「大きさを変えたりずらして配置したりする」といったものがあります。

コーディングの観点からこうしたデザインを実装する際には、

- サイズが大きく変動するビジュアル画像をどう制御するか
- 画像とテキストのサイズや配置のバランスをどう保つか
- ずらしたり重ねたりしている箇所の移動量を固定とするか可変とするか

という点に注意する必要があります。これらは実装者だけの判断で決められるものではないので、画像の高さを一定のサイズで固定するか否か、テキストの改行を許すか否か、といった細かい点まで仕上がりイメージを Web デザイナーと共有・確認した上で実装方法を検討したほうがよいでしょう。**特にデザインカンプのアートボードサイズ以上にウィンドウ幅が広がった際にどうしたいのか**、案外デザイナー自身もきちんと意識していない場合もありますので、指示がなかった場合にはコーディング側から積極的に確認を取るようにしましょう。

▶ 設計条件の違いによる見え方の違い

ブロークングリッドレイアウトもデザインカンプを元にコーディングすることになりますが、**デザインの意図を設計に落とし込む際の解釈の違いで、グリッドレイアウトよりも実装後の仕上がりイメージに大きな差が出やすい**傾向があります。この点はある程度数をこなして経験を積まなければなかなかコーディング前にはイメージしきれない部分であり、コーディングしてみてから「やっぱり違う……」と手戻りが発生しやすくなるポイントでもあります。

動的に変化する箇所の設計仕様の違いで、どのような表示になることが想定されるのかあらかじめイメージできればこうした手戻りは減らすことができます。ここではまず、設計仕様の違いで同じデザインカンプがどのようなコーディング結果になるかパターンを2つ示します。

設計パターン①

　設計パターン①は、スマホ〜タブレットまではリキッドベースで余白値を px固定して幅だけ伸縮させておき、PCレイアウトでは**余白も含めてカンプ通りのデザイン比率を維持**したまま全体にブラウザ幅いっぱいまで拡大縮小するように組んでいます。width、padding、margin、font-size なども基本的に **vw** 単位で伸縮させるため、メインビジュアルエリアに関してはデザインカンプのイメージ通りの仕上がりとなり、実装も比較的楽です。ただし今回のように高さのあるビジュアルを使っている場合、大型モニタで閲覧すると高さが出すぎるなどの問題が生じやすい傾向にあります。

➡ 設計パターン②

こちらはデザインカンプとしてはパターン①とまったく同じものですが、PCレイアウト時に違う部分にこだわっています。比較的大きな設計上の違いとしては以下の3点があげられます。

❶ メインビジュアルの高さに**最大値を設定**
❷ 見出し＆テキストの行頭位置を、メインビジュアルに続くコンテンツエリアの**コンテンツ幅の位置に揃える**
❸ 見出し＆テキストボックスの配置をメインビジュアルの下端を基準にして**下にずらす**（中身が増えたら上に伸びる）

上記2つの設計パターンでそれぞれ実装した結果を様々な画面サイズで比較すると以下のようになります（スマホ・タブレットは同じなので省略）。

設計パターン①の表示

設計パターン②の表示

　まったく同じデザインカンプであっても、こだわりたいポイントによってかなり見え方も変わりますし、実装の仕方も違います。通常のレイアウトであってもそれは同じですが、ブロークングリッドレイアウトの場合は特に固定サイズのデザインカンプだけでは読み取れない部分が大きくなるため、より一層デザイナーとのコミュニケーションを密にする必要があると言えるでしょう。

設計パターン例①の実装

では実際に設計パターン①、②をどのように実装しているのか具体的に見ていきましょう。まずはパターン①の実装です。

picture要素の活用

LESSON 10 ▶ 10-01

（SP表示）

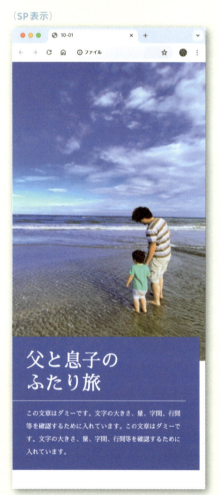

（PC表示）

HTML

```
<div class="mainVisual">
  <div class="mainVisual__body">
    <h1 class="mainVisual__ttl">父と息子の<br>ふたり旅</h1>
```

```html
    <p class="mainVisual__txt">テキストが入ります。テキストが入ります。テキストが入ります。テキ
ストが入ります。テキストが入ります。テキストが入ります。テキストが入ります。テキストが入ります。</p>
  </div>
  <figure class="mainVisual__ph">
    <picture>
      <source media="(max-width:767px)" srcset="img/ph_main_sp.jpg 1x, img/ph_
main_sp@2x.jpg 2x">
      <source media="(min-width:768px)" srcset="img/ph_main_pc.jpg">
      <img src="img/ph_main_pc.jpg" width="1475" height="940" alt="写真：九十九里浜
の波打ち際で水平線を見つめる父子の後ろ姿">
    </picture>
  </figure>
</div>
```

`CSS`

```css
/*-------------------------------------
  mainVisual
-------------------------------------*/
.mainVisual {
  display: flex;
  flex-direction: column-reverse;
  margin-bottom: 50px;
}


/*写真エリア*/
@media (min-width: 768px) {
  .mainVisual__ph {
    margin-left: 35px;
  }
}


/*テキストエリア*/
.mainVisual__body {
  position: relative;
  z-index: 1;
  margin-top: -60px;
  margin-right: 15px;
  padding: 30px 35px;
  background: #0027FF;
  color: #fff;
  font-family: 'Sawarabi Mincho', sans-serif;
}
.mainVisual__ttl {
  position: relative;
  font-size: 48px;
  font-weight: normal;
```

```
    line-height: 1.2;
  }
  .mainVisual__ttl br {
    display: block;
  }
  .mainVisual__ttl::after {
    content: "";
    display: block;
    margin: 15px 0 15px -35px;
    border-top: 1px solid currentColor;
  }
  .mainVisual__txt {
    line-height: 2;
  }
  @media (min-width: 768px) {
    .mainVisual__body {
      margin-top: -114px;
      margin-right: 0;
      width: 67.3%;
    }
    .mainVisual__ttl {
      font-size: 48px;
    }
    .mainVisual__ttl br {
      display: none;
    }
    .mainVisual__ttl::after {
      margin-left: -35px;
    }
  }
```

　SP用・TAB用のレイアウトはこれまで解説してきたテクニックで特に問題なく実装できると思います。基本的にリキッドベースですのでボックスの幅は特に指定せず、必要な箇所にmargin／paddingを設定しているだけです。重なる部分についてはネガティブマージンを使用しています。

　実装面で特筆すべき点としては、**picture要素**でのメインビジュアル画像の実装があげられます。今回PC／SPで画像のアスペクト比がかなり大きく異なること、表示される画像領域の適切な位置に人物が配置されている必要があることなどから、PCとSPで同じ画像を使い回すのではなく、それぞれ別の画像を準備して切り替えるようにしたほうが適切であると判断しました。

このような場合、従来はPC用とSP用のimg要素を両方HTMLに記述して、片方をdisplay: noneで非表示にする手法が取られてきましたが、この方法は非表示にしている画像も最初にローディングされてしまうといった表示パフォーマンス上の問題があるため、現在は特別な事情がなければpicture要素による実装をしたほうがよいでしょう。よく使うpicture要素の基本構文は以下の通りですので、覚えておきましょう。

> **Memo**
>
> このように画面幅に応じて内容の異なる画像を出し分けることを「アートディレクション」と呼びます。

picture要素の基本構文

```
<picture>
        メディアクエリで使用する画面幅を指定          ピクセル密度記述子でデバイスピクセル比別の画像ソースを指定
<source media="(max-width:767px)" " srcset="sp.jpg 1x, sp@2x.jpg 2x, ....">

<source media="(min-width:768px)" " srcset="pc.jpg 1x, pc@2x.jpg 2x, ....">

…以下必要な分だけのsource要素…

<img src="…"> 該当する環境が無い・picture非対応環境の場合のデフォルト表示画像を指定（※必須）

</picture>
```

なお、picture要素はメディアクエリによる画面幅に応じた内容の異なる画像の出し分け（アートディレクション）だけでなく、type属性を使った複数の画像フォーマットの提供や、sizes属性を使ったよりきめ細やかなスクリーン幅環境に応じた使用画像の切り替えなど、高度なレスポンシブイメージ対応も可能です。本書では詳細な解説は省きますが、詳しく知りたい方は以下の参考サイトなどを参照してください。

参考：「MDN - picture要素」
https://developer.mozilla.org/ja/docs/Web/HTML/Element/picture@end

参考：「pictureタグを使ったレスポンシブイメージの実装方法」
https://junzou-marketing.com/usage-of-picture-tag@end

▶ vw単位でのレイアウト

LESSON 10 ▶ 10-02

`CSS`

```css
/*写真エリア*/
@media (min-width: 1080px) {
  .mainVisual__ph {
    margin-left: 7.8125vw; /*125px（カンプサイズ・以下同）*/
  }
  .mainVisual__ph img {
    max-width: none;
    width: 100%;
  }
}


/*テキストエリア*/
@media (min-width: 1080px) {
  .mainVisual__body {
    width: 62.5%;
    margin-top: -20.625vw; /*330px*/
    padding: 5vw 5vw 5vw 16.25vw; /*80px 80px 80px
260px*/
  }
  .mainVisual__ttl {
    font-size: 4.375vw; /*70px*/
  }
  .mainVisual__ttl::after {
    margin-left: -16.25vw; /*260px*/
  }
  .mainVisual__txt {
    font-size: 1.5vw; /*24px*/
  }
}
```

> **Memo**
>
> 計算結果の値だけをvwで記述すると、のちのちどのような理屈で計算したものなのかわからなくなる恐れがあるため、
>
> ・計算式をコメントで残す
> ・calc()を使って式として記述する
> ・Sassなどのプリプロセッサを利用している場合はmixinを利用する
>
> など、何らかの方法で再計算が必要になった場合に対応できるようにしておく方が望ましいと言えます。

　設計パターン①のPCレイアウトは、「デザインカンプを原則そのまま拡大縮小する」という方針ですので、基本的に**すべてのサイズ指定をvw単位で行う**ところがポイントです。

　vwは親要素のサイズなどに関係なく、常にビューポート幅（ブラウザ幅）を基準として割合を算出すればよいので、今回のようにブラウザ幅いっぱいに広がるデザインをそのまま再現するのは非常に簡単です。アートボード幅は1600pxになっていますので、**対象サイズ ÷ 1600 × 100vw**と計算するだけで全体に拡大縮小するレイアウトを実装できます。

144

カンプサイズより大きく広げても同じ比率で表示される様子

▶ 設計パターン例②の実装

次に設計パターン②の実装方法を見ていきましょう。なおSPとTABのレイアウトはパターン①と同じですので、PC用レイアウトのみを解説します。

▶ メインビジュアル画像の最大値固定

LESSON 10　10-03

```css
@media (min-width: 1080px) {
  .mainVisual__ph {
    margin-left: 125px;
  }
  .mainVisual__ph img {
    max-width: none;
    width: 100%;
    max-height: 940px;
    object-fit: cover;
    object-position: right bottom;
  }
}
```

メインビジュアルの高さに最大値を設定することに関しては、max-heightを設定すればよいだけなので特に難しいことはありませんが、高さだけ固定すると画像が歪みますので、**object-fit: cover** を設定することを忘れないようにしましょう。また、今回の素材は右下に人物が写っており、ここが一番重要な箇所となりますので、右下を中心にトリミングされるように**object-position**でトリミングの基準点を変更しておくほうが望ましいでしょう。

（高さ固定前）

（高さ固定後）

青地エリア内の行頭位置揃え

LESSON 10 ▶ 10-04

CSS

```
@media (min-width: 1080px) {
  .mainVisual__body {
    width: 62.5%;
    padding: 80px;
    padding-left: calc((100vw - 1080px) / 2 + 15px);
    /*15pxはスクロールバー分の調整*/
  }
}
```

　設計パターン②で最も難しいのは、ブラウザの左端まで伸びる青地エリアの中で、見出しとテキストの行頭の位置を、後続のコンテンツ幅の左端と揃えて表示させるという点でしょう。

　青地エリアはブラウザの左端から62.5%（1000/1600）の幅で伸縮しますので、その中のコンテンツ行頭位置を揃えるためにはpadding-leftを調整する必要があります。問題はそこにどんな数値を入れたらデザイン仕様を満たすことができるか？です。

　ここであらためてデザイン仕様を確認してみると、

- 見出し＋テキストの行頭を、**コンテンツ幅の左端**に揃える

とありますね。ではコンテンツ幅の左端の位置はどうやって決まっているのか？　というと、これは単純にボックスをmargin: autoで中央配置しているだけです。したがってこの時のmargin-leftと同じサイズの余白を青地エリアのpadding-leftに設定すればよい、ということになります。つまり普段ボックスに対して左右marginをautoにした時、ブラウザがやってくれている計算を手動で計算式にして書けばよいということです。

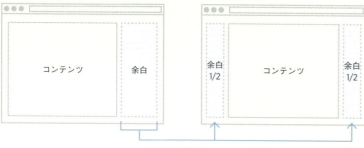

　上記の図式から、(**ブラウザ幅全体 - コンテンツ幅**) ÷ **2** と計算すればよいということがわかります。これをcalc()で表現したのがcalc((100vw - 1080px) / 2) という式になります。
　ただし、CSSでブラウザ幅全体を表す100vwはスクロールバーを含むサイズとなりますので、その分だけ若干誤差が出てしまいます。そこでその分の誤差を調整するため、最終的にはcalc((100vw - 1080px) / 2 + 15px) としているのです。

▶ 見出しとテキストのサイズ調整

LESSON 10　●　10-05

CSS

```
@media (min-width: 1080px) {
  〜省略〜
  .mainVisual__ttl {
    font-size: min(4.375vw,70px);
  }
  .mainVisual__ttl::after {
    margin-left: calc((100vw - 1080px) / 2 * -1 - 15px);
    /*15pxはスクロールバー分の調整分*/
  }
  .mainVisual__txt {
    font-size: 24px;
  }
}
```

　難関の行頭位置揃えが終わりましたので次に文字サイズを調整します。デザインでは見出し70px、テキスト24pxですが、デザインカンプはアートボード1600pxの状態でデザインされていますので、そのまま指定すると折り返しが発生してしまいます。本文は折り返しても特に問題ありませんが、見

出しはデザインが崩れてしまうため、ブラウザ幅に応じて伸縮するように vw単位で指定したほうがよいでしょう。計算としては **(70 ÷ 1600) × 100 = 4.375vw** となります。

　ただし、単純に font-size: 4.375vw とすると今度はブラウザ幅が 1600px を超えた場合に大きくなりすぎて折り返しが発生してしまいます。そこで、「4.375vwのサイズで拡大するが最大70pxで固定する」という仕様で指定するために Lesson01 で紹介した比較関数を使って **min(4.375vw,70px)** と指定しています。

font-size: 70px:1600px 未満で折り返し発生

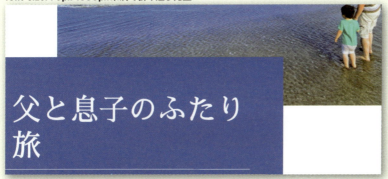

font-size: 4.375vw:1600px 以上で折り返し発生

font-size: min(4.375vw,70px):どの幅で見ても折り返しは発生しない

　比較関数は比較的新しい仕様ですので、古いブラウザなどの後方互換を配慮する場合には次のようにもう一つメディアクエリを追加して対応するようにしましょう。

メディアクエリで対応する場合

```css
@media (min-width: 1080px) {
  .mainVisual__ttl {
    font-size: 4.375vw;
  }
  〜省略〜
}
@media (min-width: 1600px) {
  .mainVisual__ttl {
    font-size: 70px;
  }
}
```

青地エリアの配置を調整

LESSON 10 ➡ 10-06

CSS

```css
/*for PC*/
@media (min-width: 1080px) {
  .mainVisual {
    position: relative;
    margin-bottom: 200px; /*後続コンテンツに被らないようにする*/
  }
  〜省略〜
  /*テキストエリア*/
  .mainVisual__body {
    position: absolute; /*絶対配置で画像に重ねる*/
    left: 0;
    bottom: -130px; /*下にずらす*/
    width: 62.5%;
    padding: 80px;
    padding-left: calc((100vw - 1080px) / 2 + 15px);
  }
  〜省略〜
}
```

　設計パターン①と②では青地エリアの配置の方針が違います。①ではメインビジュアルと青地エリアを縦に並べておいて、青地エリアを一定量上に引き上げるという仕様でした。この場合、テキスト量が増えたら青地エリアは下に伸びる形となります。

　設計パターン②では、メインビジュアルと青地エリアをいったん下端で揃えて配置しておき、青地エリアを一定量下に下げるという仕様です。この場合、テキスト量が増えたら青地エリアは上に伸びる形となります。

　これは設計仕様の問題でありどちらが良い悪いではありませんが、レイアウトによってはクリティカルな問題になりやすいポイントですので、他のコンテンツと重なっている場合には**「内容量やサイズが変わったらどちらに伸ばすのか？」**という点は最初によく確認しておいたほうがよいでしょう。

　今回は「いったん下端で揃えて配置しておき、青地エリアを一定量下に下げる」という仕様を一番実現しやすい**position: absolute**で実装しています。absoluteは要素同士を簡単に重ねることができますが、他の要素と切り離されて上から別レイヤーで被せるような形となりますので、他のコンテンツ（今回の場合は後続のコンテンツエリア）に被らないように十分な余白を確保しておくことも忘れないようにしましょう。

　なお、見出し下の罫線を左端まで引き伸ばす箇所は、サンプル10-04でpadding-leftを算出したのと同じ考え方で、その数値をネガティブマージンに設定することで実現しています。

サンプル10-06完成

　本書では比較的シンプルなブロークングリッドレイアウトの事例で解説しましたが、ページ全体に渡って同様のレイアウト仕様になっている場合も考え方は同じです。複雑に見える場合はいったん重なり・ずらしがない状態でコーディングし、そこから必要な分だけ重ねる・ずらす、という手順で進めると比較的進めやすいでしょう。

　また、Chapter2までで解説してきた各種レイアウトの実装方法をしっかりマスターすれば、平均的なレイアウト難易度のWebサイトであればほとんど対応できるはずです。できるだけ自分の手を動かして繰り返し練習するようにしてください。

EXERCISE 02

レスポンシブコーディングの応用をマスター

用意したデザインカンプを元に各自でレスポンシブ対応のコーディングをしてみましょう。
Chapter2で学んだ内容の復習です。

完成レイアウト

▶ デザイン仕様&ポイント | Point

Point 1　ページタイトル

ページタイトル（PC）

高さ460px固定 / 背景画像はPC/SP共通 / 幅100%

ページタイトル（SP）

375 / 200 / アスペクト比維持したまま拡大・縮小する

Point 2　コンテンツ

コンテンツ（PC）

コンテンツ幅の端に揃えて配置 / 70px固定 / 常にブラウザ幅の50%を維持して拡大縮小 / 高さ500px固定 / コンテンツ幅に対する比率を維持 / コンテンツ幅最大1084pxで固定

コンテンツ（SP）

375 / 234 / アスペクト比維持したまま拡大・縮小する

Point 3　サムネイル写真

コンテンツ（PC）

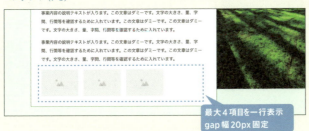

最大4項目を一行表示
gap幅20px固定

コンテンツ（SP）

最大4項目を2カラム折返し表示、gap幅20px固定

※2カラムのまま拡大すると大きくなりすぎるので、768pxより前の段階でPCと同じ1列（最大4項目）のレイアウトに切り替える

▶ 作業手順　　　　　　　　　　　　　　　　　　　　　　Procedure

① デザインカンプ（XD/Figma）上のコメントで細かいデザイン仕様を確認する
② 事前にマークアップ済みのHTMLとデザインカンプを照らし合わせて設定されている要素やclass名、ボックス枠のとり方などを把握する
③ コーディングに必要な数値（ボックスの幅、余白、色、文字サイズ・行間など）を確認する
④ 指定されたコーディング仕様でレスポンシブコーディングする
⑤ 各種ブラウザ環境で表示に問題がないか確認する
⑥ 完成コード例を確認する

▶ 作業フォルダの構成　　　　　　　　　　　　　　　　　　Folder

```
/EXERCISE02/
  ├─/1_design/
  ├─/2_working/
  │   ├─index.html
  │   ├─/service/
  │   │   └─index.html ……… ★作業対象
  │   ├─/img/
  │   └─/css/
  │       ├─common.css ……… reset＋サイト共通スタイル ★作業対象
  │       ├─top.css ………… トップページ専用スタイル
  │       └─service.css …… 事業内容専用スタイル ★作業対象
  └─/3_completed/
```

作業上の注意

- この練習問題ではヘッダー・フッターなどの基本フォーマットは作成済みです。コンテンツ部分のマークアップが難しい場合は「完成サンプル」を参考にしてください。
- CSSのみ自力で記述してください。ただし、実装の都合でどうしてもHTMLを変更したい場合には各自の判断で追加・変更してもかまいません。

- Sassなどのプリプロセッサを使っていないため、共通スタイル＋個別スタイルの2枚を読み込む方式でコーディングしています。追加スタイルがサイト共通のものならcommon.cssへ、このページ独自のものならservice.cssへ追記してください。

新しい技術と後方互換性への配慮

CSSは日々進化しています。本書で紹介したものの中にもmin()やmax()といった新しい単位や、aspect-ratio、flexboxのgap、gridのauto-fitやminmax()など、少し前までは各ブラウザの対応状況の問題で実務では使用できなかったものが、ここ数年で続々と全モダンブラウザで利用できるようになってきています。

こうした新しい技術は非常に便利なものばかりですので、各ブラウザの足並みが揃ったらすぐに実務で使いたくなるのが人情だと思います。しかし、実務で受託制作をしている立場の人間としては、最新の技術をフォールバックなしで即座に実戦投入することには、やや慎重にならざるを得ません。すべてのユーザがすぐに最新バージョンにアップデートするとは限りませんし、受託の場合は特にクライアントの理解が得られないと非対応環境での崩れを「バグだ！」と言われて修正を求められるリスクもあるからです。

特にOSのメジャーアップデートのタイミングで実装された機能などは、機種変を控えるなどで意図的にOS・ブラウザを最新にしないユーザーも一定数存在するため、すぐには浸透しない可能性が高くなります。従って、実際のユーザーシェ

ア数の動向を見ながら少なくとも1〜2世代前まではサポート対象と考えて対応する必要があるでしょう。また、フォールバック対応が可能なものについては、当面フォールバック対応も含めて使用するようにしておくと安全です。

以前のWeb制作で最新技術を導入する際に常にネックとなってきたのはIEの存在でしたが、2022年6月15日のサポート終了を期にIEに関しては事実上一般のWeb制作では無視してよい存在になりました。これによって以前より格段に最新技術を導入しやすくなったのはまちがいありません。

ただし、IEが消えたからといって後方互換をまったく気にしなくてもよくなったわけではありません。現在IEに代わって後方互換に注意が必要なブラウザはSafariです。一般のMacユーザは少数派ですが、iPhoneの基本ブラウザもSafariであるため、特に日本では当面Safari（特にiOS Safari）の対応状況については注意を払う必要があると考えるのがよいでしょう。

CHAPTER

3

表組み・フォーム

Table & Form

Webサイトの中で表組みやフォームといったものは非常に使
用頻度の高いものですが、用途や構造に制約があり、文法
的に正しく、かつアクセシビリティ／ユーザビリティにも配慮
してコーディングしようとすると案外難しい面があります。
Chapter3では実用的でかつユーザにやさしい表組みやフォ
ームの組み方について学んでいきます。

LESSON 11

表組みのレスポンシブ対応

table要素は「表組み」という特性上、様々なデバイスでの閲覧性を損ねないように無理なく実装しようとすると案外難しいものです。Lesson11では、ケースバイケースで様々な選択肢を取れるよう、複数のレスポンシブ対応パターンを学んでいきましょう。

▶ 伸縮のみ

▶ PC表示で左端列が見出しとなる表組みの場合　　LESSON 11 ▶ 11-01

（SP表示）　　（PC表示）

HTML
```
<table class="table01">
  <tr>
    <th>見出しセル</th>
    <td>データセル</td>
    <td>データセル</td>
  </tr>
</table>
```

CSS
```
/*伸縮する表組み*/
.table01 {
    width: 100%; /*親要素の幅いっぱいで伸縮*/
```

```css
  table-layout: fixed;  /*各セル幅を均等に保つ*/
  border-collapse: collapse;  /*隣り合うセルの罫線を重ねて表示*/
}
.table01 th,
.table01 td {
  padding: 15px;
  border: 1px solid #ccc;
  text-align: center;
}
.table01 th {
  background: #f7f7f7;
}
```

　表組みのレスポンシブ対応で最もシンプルなものは、**単純に幅可変で伸縮**するだけというものです。ただし、モバイル環境ではかなり横幅が狭くなることが予想されるので、列数はおおよそ3〜4列以下、セル内のテキストもあまり長すぎないものに留めておかないと、モバイル環境で可読性が落ちてしまうので注意が必要です。

表レイアウトの組み替え

　見出し列・見出し行のいずれかを伴う列数の多い表組みについては、SPレイアウト時とPCレイアウト時でそれぞれが見やすいようにレイアウトを組み替えて対応することで可読性を保ちやすくなります。どのように組み替えたらよいかはPCレイアウト時の表組みレイアウトの状態によって変わります。

▶ PC表示で左端列が見出しとなる表組みの場合 　　LESSON 11 ● 11-02

（SP表示）　　（PC表示）

HTML

```
<table class="table02">
  <tr>
    <th>見出しセル</th>
    <td>データセルデータセル</td>
    <td>データセルデータセルデータセル</td>
    <td>データセル</td>
    <td>データセルデータセル</td>
  </tr>
  〜以下省略〜
</table>
```

CSS

```
/*for PC*/
/*表組み状態をデフォルトとしたいのでPCレイアウトを標準とする*/
.table02 {
  width: 100%;
  table-layout: fixed;
  border-collapse: collapse;
}
.table02 th,
.table02 td {
  padding: 15px;
```

```css
    border: 1px solid #ccc;
}
.table02 th {
    background: #f7f7f7;
}
/*for SP*/
/*モバイルレイアウトでは縦積みになるように上書き*/
@media (max-width: 767px) {
    .table02 tr,
    .table02 th,
    .table02 td {
        display: block; /*縦積み化*/
        margin-top: -1px; /*罫線を重ねる*/
        text-align: left;
    }
    .table02 td {
        padding-left: 30px;
    }
}
```

　左端列が見出しとなるタイプの表組みで列数が多くなる場合、モバイル用の表示では縦積み表示に変更すると、列数や情報量が比較的多くても情報を読みやすくすることができます。

　表組みのセルを縦積みにするには、基本的にtr／th／tdなどtable要素を構成する各要素のdisplay値をblockなど表組み以外のものに変更することで実装します。表組みを構成する各要素はtable独自のdisplay値があるため、通常の表組み形式で見せたいPCレイアウトを標準として、SPレイアウト時にメディアクエリでdisplay値をblockに変更するよう上書きしたほうがよいでしょう。

▶ PC表示で1行目が見出しとなる表組みの場合　　LESSON 11 ▶ 11-03

（SP表示）

（PC表示）

HTML

```
<table class="table03">
  <tr>
    <th>見出しセル1</th>
    <td>データセル1</td>
    <td>データセル1データセル1データセル1</td>
  </tr>
  <tr>
    <th>見出しセル2見出しセル2見出しセル2</th>
    <td>データセル2</td>
    <td>データセル2</td>
  </tr>
  ～以下省略～
</table>
```

CSS

```
/*for SP*/
/*SPレイアウトを標準tableとして組む*/
.table03 {
  width: 100%;
  table-layout: fixed;
  border-collapse: collapse;
}
.table03 th,
.table03 td {
  padding: 15px;
  border: 1px solid #ccc;
}
.table03 th {
  background: #f7f7f7;
```

```css
}
/*for PC*/
/*PCレイアウトでtrが横並びとなるように上書き*/
@media (min-width: 768px) {
  .table03 tbody{ /*内部的にtable直下にはtbodyが補完されるのでtbodyを対象セレクタとする*/
    width: 100%;
    display: grid;
    grid-template-columns: repeat(5,1fr);
  }
  .table03 tr {
    display: grid;
    grid-row: span 3;
    grid-template-rows: subgrid; /*行ごとの高さを揃える*/
    margin-left: -1px;
  }
  .table03 th,
  .table03 td {
    display: block;
    width: 100%;
    margin-top: -1px;
    margin-left: -1px;
  }
}
```

1行目に見出し行が来る表組みをモバイル環境でも読みやすくする場合も、表組みの行列を入れ替えるように表示を切り替えるのがよいでしょう。

SPでもPCでも見た目はいわゆる「表組み」となりますので、SP・PCのどちらかの表組み状態を標準としてマークアップし、一方をメディアクエリで上書きします。この場合は**SPレイアウト時の表組み（左端列が見出し）を標準とする**ほうがおすすめです。左端列に見出しが来る表組みの場合、th要素とそれに対応するtd要素が1つのtr要素でグループ化された状態となるため、レイアウトの制御がしやすいからです。

なお、trを横並びするためにdisplay: gridを適用しますが、この時の対象セレクタは**table要素ではなくtbody要素**となる点に注意してください。HTMLにtbody要素が明示されていなくても、ブラウザは内部的にtable要素の直下にtbody要素を自動的に生成してレイアウトするため、tr要素をgridアイテムとして横並びさせるのであればtbody要素に対してdisplay: gridを指定しておく必要があります。

また、display:gridの代わりにdisplay:flexでも同様に行列入れ替えは可能ですが、このサンプルのようにセル内のコンテンツ量にばらつきがある場合に高さが揃わなくなるため、subgridで孫要素の高さを揃えることが可能なdisplay: gridを使うほうがおすすめです。

> **Memo**
>
> subgridが全モダンブラウザに実装されたのは2023年後半と比較的最近です。後方互換性を重視する場合にはsubgridではなくJavaScriptを利用して各セルの高さを揃えることも検討しましょう。

スクロールで表示

　表組みの一部が結合されているなど、行列の入れ替えが困難で元の表組みのレイアウト状態を変更したくない場合、またスクリーンの幅が足りない場合には、表をスクロールさせて中身のデータを確認できるようにするという方法もあります。この場合、対応方法は次の2パターンに分けられます。

表全体を横スクロール　　　　LESSON 11　11-04

（SP表示）　　　　（PC表示）

HTML

```
<div class="tableWrapper">
  <table class="table04">
    <tr>
      <th>見出しセル</th>
      <th>見出しセル</th>
      <th>見出しセル</th>
      <th>見出しセル</th>
      <th>見出しセル</th>
    </tr>
    <tr>
      <td>データセル</td>
      <td>データセルデータセル</td>
      <td>データセル</td>
      <td>データセル</td>
      <td>データセル</td>
    </tr>
    〜省略〜
  </table>
</div>
```

```
.tableWrapper {
  width: 100%;
  padding-bottom: 10px;
  overflow-x: auto; /*中身がはみ出したら横スクロールバーを出す*/
}


.table04 {
  width: 940px; /*中のテーブルサイズを固定幅にする*/
  table-layout: fixed;
  border-collapse: collapse;
}
.table04 th,
.table04 td {
  padding: 15px;
  border: 1px solid #ccc;
}
.table04 th {
  background: #f7f7f7;
}
```

　1つ目は、表組み全体を横スクロールで閲覧できるようにするパターンです。

　この場合、**対象のtable要素をdiv要素で囲み、親要素にoverflow-x: autoを指定**しておくことで、横幅が不足した場合に自動的に横スクロールバーを出すという仕組みになります。

　この手法を使う場合、原則として**表組みの横幅は固定値**となるように設定しておく必要があります。他のサンプルのように親要素の幅に応じて表組みの横幅が伸縮する状態だと、そもそも親要素の幅を超えてスクロールが発生する状態にならないからです。

　この方法は実装が容易でレガシーな環境でも問題なく動作するというメリットはありますが、見出しセルもスクロールして見えなくなってしまうため、特に列数・行数が多くなるほど情報が読み取りにくくなります。従って、行数が比較的少なく、1行目が見出し行となっている横長の表組みに適しています。

見出し行・列のみ固定してスクロール

LESSON 11　11-05

（PC表示）

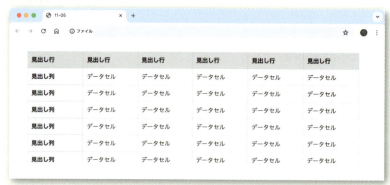

（SP表示）スクロール前　　　横スクロール時　　　縦スクロール時

HTML

```
<div class="tableWrapper">
  <table class="table05">
    <thead>
      <tr>
        <th>見出し行</th>
        <th>見出し行</th>
        <th>見出し行</th>
        <th>見出し行</th>
        <th>見出し行</th>
        <th>見出し行</th>
      </tr>
    </thead>
    <tbody>
      <tr>
        <th>見出し列</th>
        <td>データセル</td>
        <td>データセル</td>
        <td>データセル</td>
```

```
          <td>データセル</td>
          <td>データセル</td>
        </tr>
      ～省略～
      </tbody>
    </table>
  </div>
```

CSS

```
.tableWrapper {
  width: 100%;
  height: 300px; /*縦スクロールのために高さを固定*/
  overflow: auto; /*stickyの包含ブロック化*/
}
.table05 {
  width: 920px; /*横スクロールのために幅を固定*/
  table-layout: fixed;
  border-collapse: collapse;
}
.table05 th,
.table05 td {
  padding: 10px;
  border: 1px solid #ccc;
}
.table05 thead th {
  position: sticky; /*粘着表示*/
  top: 0; /*包含ブロックの上端に張り付き*/
  z-index: 1;
  background: #ddd;
}
.table05 thead th:first-child { /*左上の見出しセル*/
  top: 0; /*包含ブロックの上端に張り付き*/
  left: 0; /*包含ブロックの左端に張り付き*/
  z-index: 2;
}
.table05 tbody th {
  position: sticky; /*粘着表示*/
  left: 0; /*包含ブロックの左端に張り付き*/
  background: #f7f7f7;
}
～省略～
```

2つ目は見出しとなる行・列を固定して残りのデータセルを表内でスクロールして見せるパターンです。以前は専用のJSライブラリを利用する必要があり、実装難易度の高い手法でしたが、現在では **position: sticky** を活用することで、CSSのみで簡単に実装が可能です。

まず表の中で見出し行・列が固定されて残りのデータセルだけがスクロールするように見せるために、**対象となるtable要素をdiv要素で囲み、そのdiv要素にoverflow: autoを設定する**ことで中の表が親要素の領域を超えた場合にスクロールが出るようにしておきます。ここまでは基本的にサンプル11-04の表全体をスクロールさせる手法と考え方は同じです。

次にスクロールする表組みのうち、1行目の見出し行と左端の見出し列だけがスクロールせず親要素の上端・左端に張り付いた形で固定されるようにするため、**それぞれのth要素に対してposition: stickyを設定**します。この時、包含ブロックである親要素の上端に張り付くようにするには top: 0;、左端に張り付くようにするには left: 0;と指定します。左上の見出しセルは上にも左にも固定する必要があるため、top: 0;と left: 0;を両方指定しておきます。

position: stickyはすべてのモダンブラウザで実装可能です。position: stickyが効かない環境で閲覧した場合には、枠内で表全体が縦横にスクロール表示されるだけで表の閲覧ができなくなるわけではないので、実務で使用しても基本的に問題はないでしょう。

Memo

表組みの見出し行をstickyにする際はthead要素ではなくth要素に対してposition: stickyを指定するようにしてください。これはブラウザによってtheadへのsticky指定が正常に機能しないバグが存在するからです。

LESSON 12

フォーム部品の実装

入力フォーム部品は閲覧するユーザーが直接操作するものであるため、どのような環境から
アクセスされても一定のユーザビリティ／アクセシビリティを確保するようにコーディングする
必要があります。Lesson12 では誰もが使いやすいフォームの実装方法を学びましょう。

▶ テキストボックス／テキストエリア

▶ 余白と文字サイズを調整する

LESSON 12 ● 12-01

デフォルト表示

テキストボックス

デフォルトテキストエリア

カスタマイズ表示

テキストボックス

カスタマイズテキストエリア

`HTML`

```html
<h2>カスタマイズ表示</h2>
<div class="inputBox"><input type="text" placeholder="テキストボックス"></div>
<div class="inputBox"><textarea cols="30" rows="5" placeholder="カスタマイズテキスト
エリア"></textarea></div>
```

`CSS`

```css
.inputBox input[type="text"],
.inputBox textarea {
  -webkit-appearance: none;
  appearance: none;  /*ブラウザ標準スタイルシートを無効にする*/
  width: 100%;
  max-width: 300px;
  padding: 10px 20px 8px 20px;
  border-radius: 4px;
  border: 1px solid #ccc;
  box-shadow: 1px 1px 4px rgba(0,0,0,0.1) inset;
  font-size: 16px;  /*16px以上を推奨*/
}
.inputBox textarea {
  max-width: none;
  font-family: inherit;
}
```

　ブラウザ標準のフォーム部品は、全般的に「狭い・小さい」という特徴があり、余白をゆったり取る現在のデザイントレンドの中では見た目を整えずにそのまま使うということはほぼなくなってきています。

　最も基本となるテキストボックスについてもデフォルトではpaddingがないので枠とテキストがくっつきすぎて窮屈です。デザイナーがデザインカンプを作成する場合はほぼ100%余白を入れてサイズ調整されてくるはずですが、カンプがない場合でも一定のpaddingは必ず入れておくようにしましょう。

　一方、フォームの文字サイズに関しては盲目的にデザインカンプ通りとするのではなく、**極力16px以上**とすることを推奨します。フォームの文字サイズが16px未満だと、iOSなどでは入力フォームをタップした時点で画面が自動的にズームします。入力を終えてもズームしたまま画面が左右にスクロールできる状態になって閲覧に支障が出るため、ユーザーは入力のたびにピンチアウトして元のサイズに戻す必要に迫られ、印象が非常に悪くなります。

　フォームはあくまでユーザーは使いやすさ・利便性を重視する必要があるので、仮にデザインで16px未満を指定されたとしても理由を添えて16px以上とするように交渉すべきと筆者は考えます。

type属性と入力モードの切り替え

LESSON 12　12-02

　ユーザーが入力するテキストボックスは、かつては何でも<input type="text">でしたが、現在は入力させたいデータの種類によって様々なtype属性が用意されており、選択したtype属性によって入力モードが変化したり、独自の入力インターフェースが表示されたり、入力時に簡易書式チェックをしてくれますので、基本的にデータ種類によってtype属性を使い分けておくようにしましょう。

type属性値	用途	特徴
type="text"	1行のテキスト入力	1行テキスト
type="url"	サイトのURL	http(s)://〜で始まる半角英数字の文字列以外は書式エラーが表示される
type="email"	メールアドレス	＠が含まれない場合は書式エラーが表示される
type="search"	検索フォーム	環境によってOS標準の検索窓風なUIになることがある
type="tel"	電話番号	仮想キーボードの入力モードが「テンキー」になる
type="number"	数値（半角数字）	仮想キーボードの入力モードが「数字優先」になる
type="password"	パスワード	入力内容を隠した状態で入力・表示できる
type="date"	年月日	カレンダーUIから年月日を選択入力できる
type="time"	時刻	時刻UIから時刻を選択入力できる

type属性の値によってどのような挙動になるかは、PC／タブレット／モバイルなどのデバイス、ブラウザの種類などによって様々です。すべての環境で同じ状態にすることはできないと考えたほうがよいですが、type属性を設定することで環境によっては何かメリットがある場合は、適切なtype属性を選択することでユーザーの入力時のストレスを軽減させる効果が期待できます。

　特に、モバイルなどで物理キーボードが使えない環境にいるユーザーは相対的に入力ストレスが高くなります。そこで、フォームを設計する際にはそもそもの入力項目数を絞ったり、選択肢を用意できる質問については選択式にするなどの配慮が必要です。その上で、どうしてもユーザー自身に入力してもらわなければならない情報については、type属性値ごとに仮想キーボードがどのような入力モードに切り替わるのかを把握しておき、適切なものを設定しておくとよいでしょう。

type属性値による仮想キーボード切り替え例（iOS）

input type="text"
input type="search"
input type="email"

input type="url"

input type="tel"

input type="number"

input type="date"　　input type="time"

参考:「inputタグでtype属性設定の違いによるiPhoneとAndroidの仮想キーボード表示形式」
https://mam-mam.net/javascript/input_type.html

▶ 電話番号の入力　　　　　　　　　　　　　　LESSON 12 ▶ 12-03

```
//OK例
<input type="tel" name="tel" placeholder="09012345678">
<input type="tel" name="tel1"> - <input type="tel" name="tel2"> - <input type="tel" name="tel3">

//NG例
<input type="tel" name="tel" placeholder="090-1234-5678">
```

非常によく使う電話番号の入力については基本的に**type="tel"**を使います。type="tel"を選択することで、モバイル環境では入力モードが自動的にテンキーに切り替わるため、ユーザーはストレスなく数字を入力できます。

　ただし、type="tel"による仮想キーボードはiPhoneの場合数字と「+」「*」「#」しか表示されないため、**ハイフン（-）の入力を必須とするような電話番号フォームに対してtype="tel"を使用するのはNG**です。

▶ **数字の入力**　　　　　　　　　　　　　　　　　　LESSON 12　▶　12-04

数字入力サンプル

type="number" OK例

数量：[　　　　] 個

type="number" NG例

郵便番号：[001] - [0001]

クレジットカード番号：[0000] [0000] [0000] [0000]

`HTML`

```
//OK例
数量:<input type="number" name="num"> 個

//NG例
郵便番号:
<input type="number" name="zip1" placeholder="001"> -
<input type="number" name="zip2" placeholder="0001">

クレジットカード番号:
<input type="number" name="credit1" placeholder="0000">
<input type="number" name="credit2" placeholder="0000">
<input type="number" name="credit3" placeholder="0000">
<input type="number" name="credit4" placeholder="0000">
```

フォームで電話番号以外の数字を入力する場面としては大きく分けて1個、2個などの「数値」を入力する場合と、郵便番号やクレジットカード番号のように「一定の桁数の数字」を入力する場合があります。

前者のような四則演算できる前提の「数値」を入力させる場合には**type="number"**を選択します。numberが選択されるとPC環境では入力フォームの右端に「スピンボックス」と呼ばれる上下の矢印が表示され、キーボードでの入力の他、上下矢印でも数値を入力することができるようになります。また仮想キーボードは「数字優先」の状態となり、数値の入力がしやすくなります。

一方後者のような**「一定の文字列」を入力させたい場合は、type="number"はあまり適切ではありません。**キーボードで「0004」のように数字を入力することはできますが、PC環境で右端のスピンボックスを触ると頭の0が消えて「4」のような数字になってしまうことからもわかるように、type="number"は郵便番号やクレジットカード番号のような文字列としての数字の入力は想定していないと考えられるからです。このことはWHATWGのHTML仕様書でも好ましくない事例として明記されています。

では文字列としての数字を入力できるtype="tel"はどうでしょうか？ こちらは電話番号以外に使用しても実害は特になく、モバイル環境でテンキー入力に自動的に切り替えることができるメリットも享受できるため、type="number"よりはよいかもしれません。 ただ、明確に「type="tel"（電話番号）」となっているのに、郵便番号などに使用することにはやはり違和感が残ります。

この問題に対するおそらくベストな方法は、**type="text"にした上でinputmode="numeric"を指定する**ことで入力できる文字列を数字に限定することだと思われます。inputmode属性はモバイル環境などにおける仮想キーボードの種類を指定するものです。通常はtype属性によってブラウザが適切な仮想キーボードを自動的に切り替えますが、inputmodeを使えばそれを明示的に指定することができます。

> **Memo**
>
> スピンボックスをCSSで非表示にして使えば、物理的なデメリットは解消されますので実害はなくなりますが、そもそも非表示にしなければならない時点でnumberを使うべきでない箇所であると考えたほうがよいでしょう。

> **Memo**
>
> inputmodeはPC用のSafriでサポートされていませんが、そもそもモバイル環境向けの設定であるためサポートされていなくても特に弊害はありません。

> **Memo**
>
> 指定できる値の一覧は下記ページなどで確認しておきましょう。
>
> https://developer.mozilla.org/ja/docs/Web/HTML/Global_attributes/inputmode

▶ サンプル12-04（type="text" + inputmode）

`HTML`

```html
郵便番号：
<input type="text" name="zip1" placeholder="001" inputmode="numeric"> -
<input type="text" name="zip2" placeholder="0001" inputmode="numeric">

クレジットカード番号：
<input type="text" name="credit1" placeholder="0000" inputmode="numeric">
<input type="text" name="credit2" placeholder="0000" inputmode="numeric">
<input type="text" name="credit3" placeholder="0000" inputmode="numeric">
<input type="text" name="credit4" placeholder="0000" inputmode="numeric">
```

➡ 入力値に何らかの制限がある場合は補助機能を活用する | LESSON 12 ➡ 12-05

`HTML`

```html
// 文字数制限
<input type="text" name="zip1" maxlength="3" placeholder="001"
inputmode="numeric"> -
<input type="text" name="zip2" maxlength="4" placeholder="0001"
inputmode=" numeric">

// 最小値・最大値・ステップ入力
<input type="number" name="num" min="10" max="200" step="10"> 個
<small class="inputNote">※最小10、最大200個まで、10個単位でご注文ください。</small>

// 正規表現
フリガナ：<input type="text" pattern="[\u30A0-\u30FF]+" title="全角カタカナのみを入力し
てください" placeholder="ヤマダタロウ">
<small class="inputNote">※全角カタカナでご入力ください。</small>
```

日常的によく使うplaceholder属性（入力サンプル表示）やrequired属性（必須項目指定）の他にも、フォームには様々な補助機能があります。

例えば入力する文字数に制限がある場合や、数値に最大値・最小値、あるいは10刻みのような制限が必要な場合など、補足説明だけではなかなか正しいデータを入力してもらえなさそうな場合は、フォーム側に入力値を制限するための設定を追加して不正な入力を防ぐ方法もあります。

また、入力フォーマットが決まっている場合（半角英数字のみなど）にはpattern属性に正規表現でフォーマットを指定しておくと送信前にブラウザ側で簡易な入力チェックを行うこともできます。

よくあるバリデーション用の正規表現事例

バリデーション内容	正規表現（pattern属性）
半角英数字	^[0-9A-Za-z]+$
半角英字8文字	^[A-Za-z]{8}$
半角英数字6文字以上	^([0-9A-Za-z]{6,})$
電話番号（ハイフン必須）	^\d{2,4}-\d{2,4}-\d{3,4}$
郵便番号（ハイフン必須）	^\d{3}-\d{4}$
全角カタカナ	^[\u30A0-\u30FF]+$
全角ひらがな	^[\u3040-\u309F]+S

入力時の選択肢を提供する

LESSON 12 ▶ 12-06

特定の選択肢しかない場合にはselect要素やラジオボタン・チェックボックスなどの選択式の入力フォーム部品を用意すればよいですが、一定の選択肢は用意しつつ、自由入力も可能としたい場合もあります。そのような時にはdatalist要素を使ってテキスト入力ボックスに入力候補を付与しておくという方法もあります。

```html
<p>一番好きな猫の品種はなんですか？（自由入力可）</p>
<input type="text" name="cat" list="catList">
<datalist id="catList">
    <option>スコティッシュ・フォールド</option>
    <option>マンチカン</option>
    <option>アメリカンショートヘア</option>
    <option>ロシアンブルー</option>
    <option>ラグドール</option>
    <option>メイン・クーン</option>
    <option>ベンガル</option>
    <option>シンガプーラ</option>
    <option>ペルシャ</option>
    <option>混血種（MIX）</option>
</datalist>
```

入力フォームを実装する際は、「正しいデータ」を「できるだけストレスなく」入力してもらえるような細かい配慮が求められます。コーディングで対応できることについてはできるだけ対応しておきましょう。

送信ボタン

　フォームデータを送信するためのボタンには2種類あります。1つは<input type="submit">、もう1つは<button>です。いずれもフォームのデータを送信するという点では同じですが、デザイン再現上の自由度からすると<button>に軍配があがります。
　次のような3つの送信ボタンを<input type="submit">、<button type="submit">のそれぞれで実装した場合どうなるか、比較してみましょう。

input type="submit"で作る場合　　LESSON 12　12-07

```
//①ノーマル
<input type="submit" value="入力内容を確認する" class=" btn">

//②アイコン付き
<div class="btnWrap"><input type="submit" value="入力内容を確認する" class="btn" ></div>

//③テキスト装飾あり→再現不可
```

```css
/*ボタン*/
.btn {
  -webkit-appearance: none;
  appearance: none;
  width: 260px;
```

```css
  margin: 0;
  padding: 15px;
  border: 0;
  border-radius: 50px;
  background: #3D98B4;
  color: #fff;
  line-height: 1.4;
  cursor: pointer;
  transition: opacity .3s;
}
.btn:hover {
  opacity: 0.7;
}

/*矢印付き*/
.btnWrap {
  position: relative;
}
.btnWrap::after {
  position: absolute;
  right: 20px;
  top: 0;
  bottom: 0;
  margin: auto;
  content:"";
  display: block;
  width: 0.7em;
  height: 0.7em;
  border-top: 2px solid;
  border-right: 2px solid;
  color: #fff;
  transform: rotate(45deg);
}
```

<input type="submit">はブラウザ標準スタイルのままでは横幅や文字サイズなど限られたプロパティしか変更できませんが、appearance: noneとすることで通常の要素とほぼ同等のスタイルを適用できますので、①のように背景色・文字色のみのシンプルなボタンであれば問題なく実装できます。

しかし、**input要素には擬似要素が使えない**ため、②のようにアイコンを付けたいといった場合にはinput要素だけでは実装できず、input要素をdiv要素などで囲んでそちらに擬似要素でアイコンを付けるなど、一工夫が必要になります。

さらに③のようにボタン内のテキストに対してデザイン的に強弱を付けたいといった要望となると、**value属性の値を表示する**という仕様の関係上、実現できません。

➡ buttonで作る場合

LESSON 12 ➡ 12-08

①ノーマル

入力内容を確認する

②アイコン付き

入力内容を確認する ＞

③テキスト装飾あり

入力内容を確認して
送信する

`HTML`

```
//①ノーマル
<button class=" btn">入力内容を確認する</button>

//②アイコン付き
<button class="btn btn02">入力内容を確認する</button>

//③テキスト装飾あり
<button class="btn btn03"><span class="txt01">入力内容を確認して</span><span
class="txt02">送信する</span></button>
```

`CSS`

```
/*ボタン*/
.btn {
～サンプル12-07と同じ～
}

/*矢印付き*/
.btn02 {
  position: relative;
}
.btn02::after {
～サンプル12―07と同じ～
}

/*テキスト装飾あり*/
.btn03 {
  padding: 10px 15px;
}
.btn03 .txt01 {
  display: block;
  font-size: 0.85em;
}
.btn03 .txt02 {
  font-size: 20px;
  font-weight: bold;
  letter-spacing: 0.2em;
```

```
    }
```

　一方、button要素の場合は他の要素同様に擬似要素も使えますし、button
要素の中をspan要素などのインラインレベルの要素でマークアップするこ
とも可能ですので、サンプル①・②・③のいずれの場合でも問題なく実装可
能です。いわばbutton type="submit"はinput type="submit"の上位互換と
言えますので、システムの都合など特別な理由がない限り、送信ボタンにつ
いてはbutton要素を使用するほうがおすすめです。

/Memo

button要素のtype属性に
はsubmit／reset／button
の3つの値がありますが、
type属性を指定しない場
合は初期値であるsubmit
が選択され、送信ボタンと
して機能します。

CHAPTER 3　表組み・フォーム

チェックボックス／ラジオボタン

　チェックボックス／ラジオボタンはコーディングによってユーザーの使い勝手が大幅に変わります。デフォルトUIのままでは見栄えも悪いので独自デザインにカスタマイズすることも多い要素ですが、作り方をまちがえると見栄えはよくてもアクセシビリティ的に問題のあるものになってしまう恐れがありますので、どのように実装しておけば最低限のユーザビリティ／アクセシビリティを確保できるのかしっかり確認しておきましょう。

▶ デフォルトUIの問題点

　チェックボックス／ラジオボタンのデフォルトUIにおける一番の問題点は、「**クリッカブル領域が小さすぎる**」という点です。PCブラウザ環境でマウスを使っているユーザーであれば小さなチェックボックス／ラジオボタンをピンポイントでクリックすることも可能ですが、指でタップするタッチデバイスユーザーにとっては小さなボタンを正確にタップするのは少々骨が折れます。

デフォルトUIのクリック可能範囲

□同意する
○男　○女　○その他

※チェックボックス・ラジオボタンのパーツ領域しかクリックできない

▶ label要素を適切に使用する

LESSON 12 ● 12-09

　この問題を解決するために真っ先に行うべきことは、**label要素で適切に選択肢とそのラベルをグルーピングする**ことです。チェックボックス／ラジオボタンの選択肢とそのラベルテキストを正しく紐付けるためには、次の2通りの方法があります。

`HTML`

```html
<div class="inputField">
  <label><input type="checkbox" name="check" value="同意する">同意する</label>
</div>
<div class="inputField">
```

```html
    <label><input type="radio" name="gender" value="男">男</label>
    <label><input type="radio" name="gender" value="女">女</label>
    <label><input type="radio" name="gender" value="その他">その他</label>
  </div>
```

　1つ目の方法はチェックボックス／ラジオボタンの**input要素とラベルテキストをlabel要素で囲む**方法です。こうすることでlabel要素の範囲全体がクリック反応領域となり、ラベルテキストをクリックしても正しくチェックボックス／ラジオボタンが選択されるようになります。

```html
<div class="inputField">
  <input type="checkbox" name="check" id="check" value=" 同意する">
  <label for="check">同意する</label>
</div>
<div class="inputField">
  <input type="radio" name="gender" id="male" value=" 男">
  <label for="male">男</label>
  <input type="radio" name="gender" id="female" value=" 女">
  <label for="female">女</label>
  <input type="radio" name="gender" id="other" value=" その他">
  <label for="other">その他</label>
</div>
```

　2つ目の方法はチェックボックス／ラジオボタンに隣接するラベルテキストのみをlabel要素で囲み、**for属性で関連するinput部品のid属性と紐付ける**方法です。この方法でもlabel要素で囲まれたラベルテキストはクリック反応領域となりますので、全体をlabel要素で囲んだ時と同様にラベルをクリックすると対応するチェックボックス／ラジオボタンが選択されるようになります。

　label要素を使うことは、選択肢のクリック反応領域を拡大してすべてのユーザーにとっての使い勝手を向上させると同時に、スクリーンリーダーを利用して閲覧しているユーザーに対しても選択肢に対する適切なラベル情報を提供することになり、**最低限のアクセシビリティを担保する**ことにつながります。

▶ チェックボックス／ラジオボタンをCSSで装飾する際の注意点

　label要素を適切に使ってマークアップするだけでもユーザビリティ／アクセシビリティは向上しますが、チェックボックス／ラジオボタン自身の見た目が標準UIだとあまり美しいとは言えないため、多くの場合はCSSでチェックボックス／ラジオボタンを作り込むことになります。

　CSSで作るチェックボックス・ラジオボタンの事例は検索すればたくさん出てきますが、作り方をまちがえるとアクセシビリティ的に重大な問題を引き起こす場合がありますので、参考にするソースはきちんと精査してアクセシビリティ的に問題のないものを選ぶ必要があります。特に気を付けたいポイントは**チェックボックス／ラジオボタンのinput要素をdisplay: none**していないことです。

▶ input要素をdisplay:noneすることの問題点　　　LESSON 12 ▶ 12-10

問題のあるコード例

 同意する
 男　　 女　　 その他

HTML

```html
<div class="inputField">
  <label>
    <input type="checkbox" name="check" value=" 同意する">
    <span>同意する</span>
  </label>
</div>
<div class="inputField">
  <label>
    <input type="radio" name="gender" value=" 男">
    <span>男</span>
  </label>
  <label>
    <input type="radio" name="gender" value=" 女">
    <span>女</span>
  </label>
  <label>
    <input type="radio" name="gender" value=" その他">
    <span>その他</span>
```

```
    </label>
  </div>
```

```
/*ラジオボタン・チェックボックス
------------------------------------*/
input[type="radio"],
input[type="checkbox"] {
  display: none; /*←問題の箇所*/
}
/*クリック範囲*/
input[type="radio"]+span,
input[type="checkbox"]+span {
  display: inline-block;
  position: relative;
  margin: 0 2em 0 0;
  padding: 0.3em 0.3em 0.3em 2em;
  line-height: 1;
  vertical-align: middle;
  cursor: pointer;
}
/*ラジオボタンスタイル*/
input[type="radio"]+span:before {
  content: "";
  position: absolute;
  top: 0.25em;
  left: 0;
  width: 1.375em;
  height: 1.375em;
  border: 1px solid #999;
  border-radius: 50%;
  line-height: 1;
  background: #fff;
}
/*ラジオボタンチェック印（未選択）*/
input[type="radio"]+span:after {
  content: "";
  display: none;
}
/*ラジオボタンチェック印（選択）*/
input[type="radio"]:checked+span:after {
  display: block;
  position: absolute;
  top: 0.45em;
  left: 0.2em;
  width: 1em;
```

```
  height: 1em;
  margin: 0;
  padding: 0;
  border-radius: 50%;
  background: #3D98B4;
  line-height: 1;
}
/*チェックボックススタイル*/
input[type="checkbox"]+span:before {
  position: absolute;
  top: 0.3em;
  left: 0;
  content: "";
  width: 1.25em;
  height: 1.25em;
  border: 1px solid #999;
  background: #fff;
  line-height: 1;
  vertical-align: middle;
}
/*チェックボックス未チェック時*/
input[type="checkbox"]+span:after {
  content: "";
  display: none;
}
/*チェックボックスチェック時*/
input[type="checkbox"]:checked+span:after {
  display: block;
  position: absolute;
  top: 0.3em;
  left: 0.4em;
  width: 0.5em;
  height: 1em;
  content: "";
  border-bottom: 3px solid #3D98B4;
  border-right: 3px solid #3D98B4;
  transform: rotate(45deg);
}
```

　CSSでチェックボックス/ラジオボタンを装飾するといった場合、基本的に**本来のinput要素は画面上から隠し、隣接する要素に指定したCSSで選択/非選択時の装飾を行う**手法を取ります。

　この時、画面表示上は不要となるinput要素を隠すためにdisplay: noneしてしまうと、**キーボード操作がまったくできなくなってしまい、アクセシビリティが低下してしまいます。**

　キーボード操作を行う人というのは身体に何らかの障害がある方だけとは

限りません。普段はマウスを使っている人が、たまたまマウスの調子が悪くてキーボードだけで操作しなければならない状態になることも考えられますし、マウスを使うよりキーボード操作のほうが早くて快適と感じる人もいるでしょう。見た目の美しさを優先して、ユーザーの自由を奪うのはWebの理念からも外れるものなので、極力キーボード操作を阻害しないように実装すべきです。

▶ 望ましい実装方法

LESSON 12 ▶ 12-11

HTML

```
～サンプル12-10と同じであるため省略～
```

CSS

```css
/*ラジオボタン・チェックボックス
-------------------------------------*/
input[type="radio"],
input[type="checkbox"] {
  opacity: 0; /*透明にして見えなくする*/
  position: absolute; /*本来の配置から切り離す*/
}
/*フォーカス時*/
input[type="radio"]:focus+span,
input[type="checkbox"]:focus+span {
  outline: 1px solid #ccc;
}
～以下、サンプル12-10と同じであるため省略～
```

　この問題の解決方法は比較的簡単で、display: none するかわりに**opacity: 0で透明にした上でposition: absoluteでデフォルトのレイアウト配置から切り離してしまう**とよいでしょう。こうすることで、キーボード操作で移動／選択が可能となります。

　また、キーボードで移動できていても、それが見た目でわからなければユーザーは戸惑ってしまいますので、同時にフォーカスが当たっていることが視覚的にもわかりやすいよう、:focus擬似クラスに適切なスタイルを設定しておくことも重要です。

▶ セレクトボックス

　プルダウン形式のselect要素もデフォルトのままだと細くて使いづらかったり、Webサイト全体のデザインテイストと合わなかったりするため、ほとんどのケースではCSSでオリジナルのデザインを適用することになります。ただしselect要素も標準のUIスタイルにかなりクセがあるため、デザインする前にカスタマイズ時の注意点をよく確認しておく必要があります。

▶ CSSでカスタマイズできる部分／できない部分

　セレクトボックスにはCSSで自由にカスタマイズできる部分と、ほとんどカスタマイズできない部分があります。具体的には選択前の状態であるselect要素の部分はCSSで表示をカスタマイズできますが、**option要素の選択肢一覧の部分はCSSで表示をカスタマイズすることができません。**

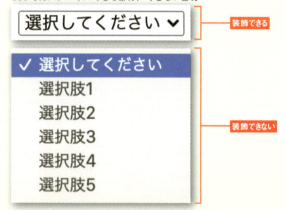

CSSでカスタマイズできる部分／できない部分

　まれに選択肢部分についてもオリジナルのデザインを適用したデザインカンプを渡されることがありますが、選択肢部分の表示をカスタマイズしようとすると、select要素ではなくul／liなど他の要素で見た目を作り、select要素と同等の機能や挙動をJavaScriptで別途追加実装しなければならなくなるため、少なくともスクラッチで実装しようとすると**開発工数が跳ね上がる**ことになります。
　また、仮に見た目と挙動の再現ができたとしても、モバイルユーザーはPCブラウザのプルダウンとはまったく異なるUI／操作性で選択肢を選ぶことに慣れているため、PCブラウザの選択肢の見た目や操作性をそのままモバイル向けにも適用してしまうとユーザビリティ的に問題が生じる恐れもあります。

モバイル端末での選択肢表示方法

iPhone

画面下部にドラム表示

Android

画面上にポップアップ

さらにあらゆるユーザーが確実に入力操作を行えるようにキーボード操作、スクリーンリーダー対応などもすべて考慮してカスタマイズする必要があることを考えると、基本的にプルダウンに関しては選択肢部分のデザインカスタマイズは諦めて、select要素で実装できる範囲のカスタマイズに留めておいたほうが無難でしょう。

Memo

どうしても選択肢一覧もデザインカスタマイズしたいのであれば、開発効率を考えると独自実装するのではなく何らかのドロップダウン系のJSライブラリを検討したほうがよいでしょう。ただしその場合もアクセシビリティが確保できているか、モバイル環境での操作性はどうか、よく検討する必要があります。

select 要素のデザインカスタマイズ方法

LESSON 12 ● 12-12

選択してください ⌄

HTML

```html
<div class="selectWrap">
  <select name="select">
    <option value="">選択してください</option>
    <option value="1">選択肢1</option>
    <option value="2">選択肢2</option>
    <option value="3">選択肢3</option>
    <option value="4">選択肢4</option>
    <option value="5">選択肢5</option>
  </select>
</div>
```

CSS

```css
/*セレクトボックス
----------------------------------*/
select {
  -webkit-appearance: none;
  appearance: none; /*ブラウザ標準スタイルを解除*/
  display: block;
  width: 100%;
  padding: 10px 30px 8px 10px;
  border-radius: 4px;
  border: 1px solid #ccc;
}
.selectWrap { /*selectの親要素をアイコン配置の基準とする*/
  position: relative;
  display: block;
}
.selectWrap::after { /*矢印アイコン自作*/
  position: absolute;
  right: 10px;
  top: 0;
  bottom: 0;
  margin: auto;
  content: "";
  display: block;
  width: 8px;
```

190

```
  height: 8px;
  border-right: 2px solid #999;
  border-bottom: 2px solid #999;
  transform: rotate(45deg);
  pointer-events: none; /*矢印の上もクリック可能にする*/
}
```

select要素をデザインカスタマイズする場合、右端の矢印部分もオリジナルで実装するのですが、**select要素は擬似要素が使えない**ため、select要素をdiv要素などで囲み、そちらに擬似要素を使って矢印部分を実装するようにするのがポイントです。また、select要素自身はデフォルトの見た目を解除して通常のブロックレベル要素と同じようにスタイリングできるよう、appearance: noneを指定してから必要なスタイルを適用します。

ファイルアップロード

ファイルアップロードはブラウザ／デバイスごとの表示仕様の違いが大きく、また標準の見た目もお世辞にも美しいとは言えないクセの強いフォーム部品です。ファイルアップロード機能を持つフォームを実装する機会はあまり多くないかもしれませんが、いざという時の実装方法とカスタマイズ方法を確認しておきましょう。

ファイルアップロードの標準の見た目

Chrome

Firefox

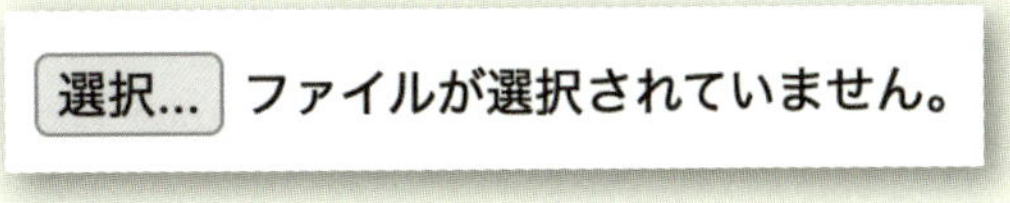

Safari

IE·Edge

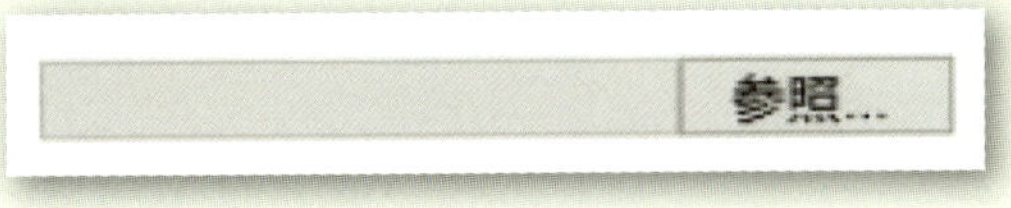

ファイルアップロード特有の追加属性

<input type="file">にはrequired（必須）やdisabled（非活性）のような他のinput要素でも使える属性の他、ファイルアップロード特有の機能を持たせるための属性があります。特にファイル型を指定する**accept属性**はアップロードできるファイル形式を限定するためによく使われますので覚えておきましょう。また、select要素などでも使用できるmultiple属性を追加すれば、ファイルを複数選択させることも可能です。

ファイルアップロード特有の属性

属性名	用途	値
accept属性	ファイル型の指定	拡張子（.jpg、.png、.pdf、.docなど）、MINEタイプ文字列（application/msword など）、任意の音声・動画・画像ファイル(audio/, video/, image/*) ※カンマで区切って複数の指定が可能
capture属性	端末カメラの利用	usr（端末の内側カメラ）、environment（端末の外側カメラ） ※属性の値を省略した場合は外側カメラ

ファイルアップロードの見た目のカスタマイズ

LESSON 12 ● 12-13

画像ファイルを選択

HTML

```html
<label class="fileUpload" tabindex="0">
  <input type="file" name="file" accept=" image/*">
  画像ファイルを選択
</label>
```

CSS

```css
/*ファイルアップロード
-----------------------------------*/
input[type="file"] { /*非表示にする*/
  opacity: 0;
  position: absolute;
}
.fileUpload { /*ボタンを自作*/
```

```
    display: inline-block;
    padding: 10px 20px;
    background: #3D98B4;
    color: #fff;
    cursor: pointer;
}
.fileUpload:focus {  /*フォーカス時のスタイル（tabindex=0でフォーカス可能）*/
    outline: 2px solid #7ec3d8;
}
```

　<input type="file"> は各ブラウザごとの標準スタイルがかなり異なるので、デザイナーからはどうしても見た目を揃えて美しく整えたいという要望が出ることが多くあります。<input type="file"> そのものの見た目をCSSで変更することも不可能ではないのですが、「ファイルを選択」といったテキストを装飾することができなかったり、文字を変更したりすることもできないため、基本的には**別の親要素で囲んで<input type="file">自体は隠す**という実装方法になります。

➡ 選択ファイル名の表示
LESSON 12 ● 12-14

　CSSで見た目を整えることはできましたが、実際にファイルを選択した際に、標準UIであれば選択したファイル名がブラウザ上に表示されますが、CSSだけでは選択されたファイル名を表示するところまでは実装できません。この点に関してはどうしてもJavaScriptの力を借りる必要があります。

デフォルトUIの場合

ファイルを選択　選択されていません

⬇

ファイルを選択　sample.png

自動で選択したファイル名が表示される

CSSカスタマイズの場合

画像ファイルを選択

選択されていません

手動で表示領域を作成しなければならない

⬇

画像ファイルを選択

選択されていません

選択してもそのままでは表示は変わらない

193

HTML

```html
<label class="fileUpload" accept="image/*" tabindex="0">
  <input type="file" name="file">画像ファイルを選択
</label>
<p class="fileName">選択されていません</p>
```

JS

```js
document.addEventListener('DOMContentLoaded',
function() {
  document.querySelector('input[type="file"]').
addEventListener('change', function() {
    const file = this.files[0];
    document.querySelector('p.fileName').textContent =
file.name;
  });
});
```

　本書では JavaScript 自体の解説はしませんが、選択ファイル名を表示する
要素をあらかじめ用意しておき、ファイルが選択されたらその情報が格納さ
れているプロパティからファイル名情報を取得して、ファイル名表示用の要
素の中身を書き換える、という処理を加えることで実現しています。

ファイル選択時の表示（JS実装後）

画像ファイルを選択

sample.png

　このように、ファイルアップロードのカスタマイズには JS が必須である
ということは覚えておきましょう。

LESSON 13

入力フォームのレイアウト

入力フォームは通常のコンテンツ以上にユーザビリティ／アクセシビリティに
配慮した形でのマークアップ・レイアウト実装が求められます。Lesson13では最低限の
ユーザビリティ／アクセシビリティを担保した入力フォームの実装方法を学んでいきます。

▶ よくある入力フォームレイアウトの実装上の課題

（SP表示）　　　　　　（PC表示）

こちらはよく見かける簡単な入力フォーム事例のカンプです。日本における一般的な入力フォームのレイアウトでよくみかけるのは「モバイル用レイアウトは1カラム、PC用レイアウトはラベルを横に配置した2カラム」というものです。このようなフォームについて、最低限のユーザビリティ／アクセシビリティを確保するため、以下のような条件を満たすように実装するにはどうしたらよいか考えてみましょう。

❶ デザインカンプの見た目は可能な限り忠実に再現する
❷ すべてのフォーム部品がキーボードで操作できるようにする
❸ キーボードでフォーカスされた場合にフォーカスリングを表示する
❹ 入力フォーム部品に対しては適切なラベルを紐付け、構造的に正しく且つスクリーンリーダーなどでの読み上げでも支障が出ないようにする

❶～❸については基本的にCSSの書き方の問題であり、ここまでの学習内容を振り返ればこれらの条件をクリアして実装することは特別難しいことではないと思います。ただ、❹については作りたいフォームの構造を正しく理解し、かつ適切なマークアップを保ちつつデザインも忠実に再現しなければならないため、どのように実装すればよいか、よく考える必要があります。

▶ 入力フォーム部品とラベルの対応

▶ label要素によるフォームとラベルの紐付け

LESSON 13 ● 13-01

HTML（ユーザー名部分のみ抜粋）

```
<div class="form__item">
  <label for="username" class=" form__ttl">
    ユーザー名<strong class=" label-required">必須</strong>
  </label>
  <div class="form__body">
    <div class="inputField -half">
      <input type="text" name="username" id="username" maxlength="20" required>
    </div>
    <small class="inputNote">※20文字以内</small>
  </div>
</div>
```

基本的にフォーム部品に対して適切なラベルを紐付けるためには**label要素**を使用します。今回の事例では、「ユーザー名」、「パスワード」、「メールアドレス」といった1フォーム1ラベルの形式となっている箇所については、素直にlabel要素でラベルとフォームを紐付ければよいので特に難しいことはありません。

　では、「性別」「生年月日」のような複数のフォーム部品をグループ化して、フォームグループに対してラベルをつけたい場合はどうすればよいでしょうか？　label要素はフォームに対して一対一でラベル付けをする要素ですので、事例のケースだと「男、女、その他」「年、月、日」がそれぞれのフォーム部品に対するlabel要素となり、「性別」や「生年月日」はlabel要素にすることはできません。

➡ fieldset要素によるフォーム部品のグループ化　　　　LESSON 13 ● 13-02

HTML（性別部分のみ抜粋）

```
<fieldset class="form__item">
  <legend class="form__ttl">性別<span class="label-any">任意</span></legend>
  <div class="form__body">
    <ul class="radioList">
      <li><label><input type="radio" name="gender" value="男"><span>男</span></label></li>
      <li><label><input type="radio" name="gender" value="女"><span>女</span></label></li>
      <li><label><input type="radio" name="gender" value="その他"><span>その他</span></label></li>
    </ul>
  </div>
</fieldset>
〜省略〜
```

　複数のフォーム部品をグループ化し、かつそのフォームグループの見出しを設定したい場合には、原則として**fieldset要素**と**legend要素**を使用するようにしましょう。

　このようにマークアップすることで複数のフォーム部品を構造的にグループ化し、グループの見出しも明示できるようになります。

2カラムレイアウト化の実装パターン

複数のフォーム部品をグループ化する際にはfieldset要素を使えばよい、ということはわかりました。ところが実務においてはfieldsetを使うことによってまた別の課題が発生することがあります。その課題とは、PCレイアウト時における2カラム化です。ここではfieldsetを使った場合のレイアウト上の問題点と、その解決策のパターンをいくつか見ていきます。

fieldset + float

LESSON 13 ● 13-03

HTML

〜サンプル13-02と同じであるため省略〜

CSS

```
/*大枠レイアウト
--------------------------------*/
.form {
  border-top: 1px dashed #ccc;
}
.form__item {
  padding: 20px 0;
  border-bottom: 1px dashed #ccc;
}
.form__ttl {
  display: inline-block;
  margin-bottom: 5px;
  font-weight: bold;
}
legend.form__ttl { /*legend要素のデフォルト位置から下にずらす*/
  margin-bottom: 5px;
  transform: translateY(1.5em);
}
@media (min-width: 768px) {
.form__item {
  display: flow-root; /*回り込みを解除*/
}
  .form__ttl {
    float: left; /*fieldsetはtable・flex・grid効かないため*/
    width: 30%;
  }
  .form__body {
```

Memo

以前はfloatを解除するためにclearfixと呼ばれるテクニック（after擬似要素にclear:both）を使用していましたが、現在は親要素にdisplay:flow-root;と指定することで親要素内でfloatを解除することができるようになっています。

```
    width: 70%;
    margin-left: 30%;
  }
  legend.form__ttl {
    transform: translateY(0); /*legend要素の位置戻す*/
  }
}
```

　結論から言うと、fieldset要素に対してdisplay: flex、grid、tableといった
2カラムレイアウトを簡単に実現できるdisplay値を設定しても、意図したよ
うに2カラムにすることはできません。従って、**fieldset要素を使って2カ
ラムレイアウトを実装しようとする場合、floatを使う必要があります。**

　floatを使った2カラムレイアウトは、flex、grid、tableのようにボックス
内で上下中央配置が出来ず、隣り合うボックス同士の高さも揃わないため、
実装できるレイアウトに制限が生じる可能性があります。さらに、floatを使
うとwidthの計算を少しでもまちがえるとすぐにカラム落ちするので、その
点でも注意が必要です。

　また、ブラウザ標準スタイルのlegend要素はfieldset要素の枠の上に重な
るように表示させるため、ブラウザ独自の特殊なスタイルが適用されていま
す。そのため、通常の要素と同じように配置をするためには個別に位置調整
をする必要もあります。

▶ fieldset + display:contents + grid

LESSON 13 ▪ 13-04

HTML（性別部分のみ抜粋）

```html
<div class=" form__item">
  <fieldset>
    <legend>
      <span class="form__ttl">性別<span class="label-
any">任意<span>
    </legend>
    <div class="form__body">
      <ul class="radioList">
        <li><label><input type="radio" name="gender"
value="男"><span>男</span></label></li>
        <li><label><input type="radio" name="gender"
value="女"><span>女</span></label></li>
        <li><label><input type="radio" name="gender"
value="その他"><span>その他</span></label></li>
      </ul>
    </div>
  </fieldset>
</div>
```

/Memo

legend要素はfieldse要素の直下に配置する必要があります。また、legend要素のコンテンツモデルは「フレージングコンテンツ」であるため、divではなくspan要素で.form__ttlをマークアップしています。

CSS

```css
/*大枠レイアウト
--------------------------------*/
.form {
  border-top: 1px dashed #ccc;
}
.form fieldset,
.form legend {
  display: contents; /*CSS上は要素として存在しないものとみなす*/
}
.form__item {
  display: grid; /*対象がdiv要素のみとなるのでgrid利用可*/
  gap: 5px;
  padding: 20px 0;
  border-bottom: 1px dashed #ccc;
}
.form__ttl {
  font-weight: bold;
}
@media (min-width: 768px) {
  .form__item {
    grid-template-columns: 30% 1fr; /*対象がdiv要素のみとなるのでgrid利用可*/
    align-items: center; /*floatではできないコンテンツの上下中央揃え*/
```

```
  }
  .form__body {
    display: grid;
    gap: 5px;
  }
}
```

　fieldsetでのマークアップ構造を維持しつつ、どうしてもfloatでは再現し
づらいデザインを実装しなければならない場合は、fieldsetやlegendに対し
て**display: contents**を適用することでflexboxやgridレイアウトなど他のレ
イアウト手法を適用できるようにすることができます。

　display: flexやgridは、直下の子要素をアイテムとしてレイアウトコント
ロールしますが、**display: contentsが適用された要素は、CSSのレイアウト
において存在しないものとしてスキップされるようになる**ため、サンプルの
マークアップのように直下にfieldsetやlegendがあってもこのタグは存在し
ないものとみなしてレイアウトが適用できるようになるのです。

　この仕組みにより、fieldset要素による構造的なセマンティクスを保ちつ
つ、レイアウトは自由に実装することが可能になります。ただしdisplay: co
ntentsはSafariの15.6までのバージョンでは支援技術から内部のコンテンツ
にアクセスできない状態になってしまうバグが存在しているため、動作保証
環境の条件によっては利用を避けたほうがよい場合もあることに注意してく
ださい。

EXERCISE 03

表組み・フォームをマスター

Chapter3で学んだことを参考にして、お問合せフォームをレスポンシブでコーディングしてみましょう。

| 完成レイアウト |

➡ デザイン仕様&ポイント　　　　　　　　　　　　　　　　　　　　　　Point

Point 1　フォーム部分のPC表示

Point 2　入力状態別スタイル

通常時

フォーカス時

エラー時

Point 3　個人情報方針チェックボックス

初期状態はチェックマークが
表示されない状態にしておく

Point 4　送信ボタンのホバー時のスタイル

通常時　　　　　　　　　　　　　　　hover,focus時

入力内容を確認する　　　　　　　　　入力内容を確認する

opacity: 0.7

Point 5　**フォームの要件**

以下の要件を満たすようにフォーム部分をコーディングしてください。

❶ すべてのフォーム部品がキーボードで操作できること
❷ フォーカスリングを表示すること
❸ input 要素には適切な type 属性を設定すること
❹ 各フォーム部品に適切なラベルが紐付けられていること

Point 6　**エラー表示仕様**

- バリデーション対象のフィールドを div 要素で囲み、内部のフィールドにエラーがあった場合には class="is-error" を追加する仕様を想定してください。
- 親要素に is-error があった時、❶各フィールドをエラーのスタイルに変更、❷エラーメッセージが表示されるようにしてください。
- バリデーション機能自体は実装しなくてもかまいません。

▶ **作業手順**　　　　　　　　　　　　　　　　　　　　　　　　　Procedure

❶ デザインカンプ（XD・Figma）上のコメントで細かいデザイン仕様を確認する
❷ /contact/index.html のコンテンツ部分を自分でマークアップする
❸ 指定されたコーディング仕様・フォーム要件・エラー表示仕様でレスポンシブコーディングする
❹ キーボード操作が可能かどうかチェックする
❺ 各種ブラウザ環境で表示に問題がないか確認する
❻ 完成コード例を確認する

➡ 作業フォルダの構成 | Folder

```
/EXERCISE03/
 ├/1_design/
 ├/2_working/
 │  ├index.html
 │  ├/service/
 │  ├/contact/
 │  │  └index.html ········ ★作業対象
 │  ├/img/
 │  └/css/
 │     ├common.css ········ reset＋サイト共通スタイル ★作業対象
 │     ├top.css ··········· トップページ専用スタイル
 │     ├service.css ······· 事業内容専用スタイル
 │     └contact.css ······· お問合せ専用スタイル ★作業対象
 └/3_completed/
```

作業上の注意

- この練習問題ではヘッダー・フッターなどの基本フォーマットは作成済みです。
- コンテンツ部分は各自でマークアップしてください。
- Chapter1・2の練習問題で自分でコーディングしたファイルがある場合は、それをフォーマットにしてもかまいません。

- Sassなどのプリプロセッサを使っていないため、共通スタイル＋個別スタイルの2枚を読み込む方式でコーディングしています。追加スタイルがサイト共通のものならcommon.cssへ、このページ独自のものならcontact.cssへ追記してください。

新しい仕様のキャッチアップ

他の様々な技術同様、HTML・CSSも日々進化を続けています。しかし今は、HTMLもCSSも受け身の姿勢では最新仕様のキャッチアップがしづらくなっているのが実情です。

HTMLは現在HTML Living Standardが唯一最新の仕様となっていますが、以前のHTML仕様のようにバージョンがなく、バージョン間の差異のまとめもないため、仕様から変更履歴の確認をすることが難しくなっています。そこで一般の学習者が変更履歴を追いたい場合は「TAG index」というサイトを参考にするのがおすすめです。

参考:HTML Living Standard
https://html.spec.whatwg.org/multipage/

参考:TAG index「HTML Living Standardの更新履歴」
https://www.tagindex.com/html/history/

CSSは様々なモジュールごとに勧告と開発を進めており、その内容も多岐にわたるため、HTML以上に新たな機能追加を追うのは大変です。それでも仕様の策定状況をできる限り早くキャッチアップしたい場合は、W3Cが公開している以下のページから仕様の策定状況をウォッチすることができます。

参考:W3C仕様
https://www.w3.org/Style/CSS/current-work
https://www.w3.org/Style/CSS/specs.en.html

ただ、HTMLもCSSも仕様の状況と各ブラウザへの実装状況には時差がありますし、実案件への導入可否や学習コストも考慮した上でのキャッチアップとなると、有志によるまとめ記事などに頼るのが現実的かもしれません。

筆者も普段はSNSで気になる記事が流れてきたらザッと目を通して情報をストックしておき、ある程度気になるものが増えてきたタイミングでまとめて詳細情報を調べに行く、といった方法を取っています。そのために様々なエンジニアや制作会社などのアカウントをたくさんフォローするようにもしています。

以前のように新機能の周知が大々的に行われるようなことが減ってきた裏で、HTMLもCSSも(もちろんJavaScriptも)着実に進化し続けているため、日頃からアンテナを高く張って能動的に情報を取りに行く姿勢が求められていると言えるでしょう。

CHAPTER

4

CSS設計

CSS

Chapter4では、CSS設計について学びます。Webサイトの構築時にCSSの設計がなぜ必要なのか、具体的にどのような手法があるのかといった概念的なものから、よくあるコンポーネントの具体的な設計の考え方、また制作現場における諸事情を考慮した上での様々な選択肢や現実的な落とし所など、理論的な面だけでなく、実務の現場で活かせる考え方についても解説していきます。

LESSON 14

CSS設計とは

HTML／CSSの基礎を学び、実践的なWebサイトの構築を始めると必要となってくるのが「CSS設計」です。このLessonではCSS設計の目的や、有名なCSS設計手法の紹介、およびそうした既存の設計手法からの実務ベースでのアレンジの考え方などを紹介します。

▶ CSS設計の目的は何か？

CSSは文法的には非常にシンプルで簡単な言語です。しかし、そのシンプルさゆえに、実際にWebサイトを構築し始めるとすぐにある問題に直面します。

- 1箇所だけ修正したいのに、予想外の他の場所が崩れる
- 同じパーツをいろいろな場所で使い回したいのに、移動させると表示が崩れる
- 似たようなパーツを複製して少しだけアレンジを加えたいのに上書きできない
- 似たような名前の違うclassが乱立して収集がつかない

これらはCSSをきちんと設計せずに構築されたWebサイトでは規模の大小を問わず非常によくあるトラブルの一例です。こうしたトラブルは、「1人の人間が、一度だけ作成して、その後一切変更・修正しない」という場合には発生しません。しかし、Webサイトというものの性質上、そんなことはほぼありえません。日々の運用で細々と追加修正されることは日常茶飯時ですし、ある程度の規模のWebサイトになれば開発期間も長く、関わる人間の数も増えるので、初期開発中であっても修正や仕様変更は頻発するものです。

CSSをめぐるトラブルの大半はこうした「変更・修正」が行われる場面で発生するため、昔からWebサイトの実装者は「どうしたら変更・修正しやすい、簡単に壊れたりしないものにできるか？」ということを常に考え、様々な手法を編み出してきました。「CSS設計」という考え方も、このような背景から生まれています。

▶ 1.命名によるパーツの分類、管理

　前述のようなCSSのトラブルの最も大きな原因は、**「CSSはすべてがグローバルである」**という言語としての根本的な仕様にあります。「グローバルである」とは、あるセレクタで定義したCSSのルールは、そのCSSファイルを読み込んでいるすべてのページのあらゆる場所からアクセスできるため、**「特定のパーツにだけこのスタイルを適用させる」といったスタイルの分類・管理をする手段が言語仕様として存在しない**（※側注Memo参照）ことを意味しています。

　ある機能の影響範囲を定める仕組みのことをプログラミングの世界では「スコープ」と呼びますが、CSSにはこの「スコープ」の仕組みが存在しません。したがってCSS自体でスタイル定義の影響範囲を明確にし、そのスタイルが適用されるパーツを分類・管理するためには、セレクタの命名方法を工夫するしかありません。いわゆる「CSS設計」と呼ばれるものの主な目的の1つは、セレクタの命名方法をルール化して、**スタイル定義とそれが適用されるパーツを適切に分類・管理できるようにすること**にあります。

> **Memo**
>
> 最新のCSS仕様ではCSSにレイヤー（階層）構造を持たせ、レイヤー単位で優先度を調整することができる@layer（カスケードレイヤー）、従来は不可能だった特定のブロックのみにスコープを限定してスタイルを適用できる@scope（スコープ付きスタイルルール）といった、CSSを管理しやすくする新しい仕様も追加されています。ただ、まだ十分に普及したとは言い難いため、本書では従来のCSS仕様を前提として解説しています。

▶ 2.破綻を防ぎ、長期メンテナンスを可能にする

　もう1つの重要な目的は、CSSの破綻を防ぎ、できるだけ長期間メンテナンスできるようにすることです。CSS設計には様々な手法がありますが、おおむね以下の4つの項目がポイントとなります。

- 予測しやすい（Predictable）
- 再利用しやすい（Reusable）
- 保守しやすい（Maintainable）
- 拡張しやすい（Scalable）

> **Memo**
>
> これらのルールは、Googleエンジニアのフィリップ・ウォルトン氏が提唱しているものです。

●予測しやすい
　セレクタ名を見ただけでどこで使われるべきものか、どんなスタイルが適用されるのかわかりやすいものが「予測しやすい」CSSであると言えます。これは主にセレクタの「命名規則」によって実現されます。

●再利用しやすい
　Webサイトのある部品が、どこに配置されても問題ないようになものが「再利用しやすい」CSSであると言えます。これは主にセレクタの「詳細度」を適切に管理し、かつ再利用可能なコンポーネントの単位をあらかじめ適切に設定しておくことで実現されます。

209

●保守しやすい

　Webサイトが運用段階に入って新しい部品が追加されたり、既存の部品のスタイルが修正されることになっても、既存のルールに則って誰でも同じように書けるようになっているものが「保守しやすい」CSSであると言えます。何よりもルールが明確でわかりやすいことが重要です。

●拡張しやすい

　サイトの規模が拡大したり複雑化すると関わる開発者の数も増えてきます。また人数が増えなくても開発の担当者が交代することはよくあることです。人数が増えても人が変わっても、最小限の学習コストでルールを理解して同じように管理できるようになっているものが「拡張しやすい」CSSであると言えます。

有名なCSS設計手法

　CSS設計は一から自分で考えることもできますが、先人たちが考え抜いて広く世の中に浸透している手法がいくつもあります。代表的なものは「OOCSS」「SMACSS」「BEM」「FLOCSS」などです。

OOCSS

　Object Oriented CSS（オブジェクト指向CSS）は、プログラミング言語で用いられる「オブジェクト指向」に基づいたCSS設計手法であり、多くのCSS設計手法の基礎となったものです。

　OOCSSでは「構造（**Structure**）と見た目（**Skin**）を切り離す」「コンテナ（入れ物）とコンテンツ（中身）を切り離す」の2つを原則としています。

/Memo

参考

・GitHub - stubbornella/oocss

・Object-oriented CSS

・Slideshare - Object Oriented CSS

▶ SMACSS

　SMACSS（スマックス）はOOCSSをベースとして考案されたCSS設計手法で、スタイルのパターン抽出をしやすくするためのカテゴリを用意しているという点が特徴です。

　SMACSSでは役割に応じてスタイルを以下の5つのカテゴリに分類します。

- **Base**（プロジェクト全体における各要素のデフォルトのスタイルを定義）
- **Layout**（ヘッダーやフッターなど慣習的にid属性で指定するような大枠のレイアウトを定義）
- **Module**（見出しやボタンなどレイアウト以外のほぼすべての再利用可能なパターンを定義）
- **State**（JS操作によって切り替わるような状態の変化を定義）
- **Theme**（ページ全体でのテーマ切り替え用スタイルを定義）

> **Memo**
> 参考
> http://smacss.com/

▶ BEM（MindBEMing）

Block、Element、Modifierの頭文字を取った設計手法です。1つの独立したコンポーネントのかたまりをBlockとし、そのBlockを構成する要素をElement、BlockやElementのバリエーション違い・状態違いをModifierとします。本家BEMから派生した**MindBEMing**という命名規則があり、一般的にはそちらがBEMとして広く利用されています。

また、BEMには名前被りを防ぎ、ひと目で用途や構造がわかる独特の記法が採用されているため、SMACSSにあるようなカテゴリ分類という考え方はありません。

> **Memo**
>
> 参考
> http://getbem.com/
> https://csswizardry.com/2013/01/mindbemding-getting-your-head-round-bem-syntax/

▶ FLOCSS

OOCSS、SMACSS、BEMといったCSS設計手法のいいとこ取りを目指して日本人エンジニアの谷拓樹さんが開発した設計手法です。Foundation、Layout、Objectの3つのレイヤーと、Objectに含まれるComponent、Project、Utilityの3つの子レイヤーで構成されるのが特徴です。他のCSS設計手法が海外エンジニアによって考えられたものであるのに対して、FLOCSSは日本人エンジニアが開発したものであり、本人による丁寧な日本語ドキュメントが公開されていることもあって、日本においてはBEMと並んで人気のある設計手法です。

> **Memo**
>
> 参考
> https://github.com/hiloki/flocss

BEM（MindBEMing）

　様々なCSS設計の考え方がありますが、本書では特にBEM（MindBEMing）をベースとした設計手法を採用するので、ここでもう少しBEMについて詳しく見ていきます。

BEMによるCSS設計の考え方

　中〜大規模なWebサイトを効率的に開発・運用していくには、同じ役割を持つ部品を共通化して、**どこでも再利用できる部品＝コンポーネント化**することが重要です。BEMはそのようなコンポーネント設計をCSSで管理・運用しやすくすることを目的として開発された手法で、どの規模のサイトであっても汎用的に使える設計ではありますが、特に中〜大規模なWebサイト構築に向いている手法であると言えます。

　前述した通り、BEMとは**Block・Element・Modifier**の略語ですが、もう少し詳しくそれぞれを解説します。

●Block（ブロック）

　それ単体で独立した1つのコンポーネントとなるものをBEMでは「Block」と呼びます。

　Blockには他と被らない、その部品の役割がひと目でわかる名前を付けておく必要があります。そうすることによってどこでも再利用できるコンポーネントとしての役割を担保しています。

　また、例のように**Blockの中に別のBlockを含める**ことができます。

Blockの例

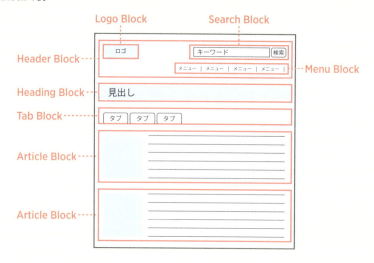

● **Element（エレメント）**

Elementは特定の親Blockの中でのみ使用できる部品であり、Element単体では使用できません。命名には**必ずそのElementが所属する親Blockの名前を付け、「Block__Element」のようにアンダースコア2つで構造化する**ことで、どのBlockに所属する部品なのかがひと目でわかるようにします。

Elementの例

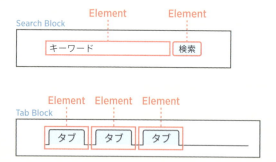

● **Modifier（モディファイア）**

Modifierは色違いのようなちょっとしたスタイルのバリエーションや、選択されている、開いている、といったコンポーネントの状態を表現したい場合に使います。Modifier用の名前は、**「Block--Modifier」「Block__Element--Modifier」のようにハイフン2つで構造化**します。

Modifierの例

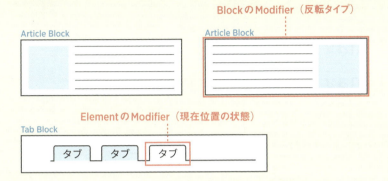

命名規則とその応用

　BEMは命名規則によってそのスタイルの使用場所や用途がわかるようにするため、記号の使い方に特徴があります。この区切り記号のことを「**セパレーター**」と呼びます。
　BlockとElementをつなぐセパレーターはアンダースコア2つ（__）です。これは、ElementがBlockの下に所属するものであることを示しています。
　これに対してBlockやElementとModifierをつなぐセパレーターはハイフン2つ（--）です。これはModifierがBlockやElementと並列のバリエーション違いであることを示しています。

セパレーターの規則

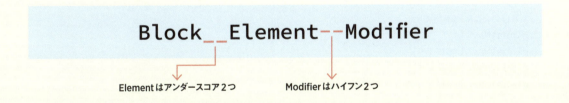

　また、区切りの記号が2つ重ねてあるのは、Block、Elemenet、Modifierなどの名前に2つ以上の単語を使用する場合には、ハイフン1つでつなげるケバブケースという命名規則を採用するのが一般的であるため、これと明確に区別する目的があります。

2単語を使った場合の命名例

global-nav
global-nav__item

単語の区切りはハイフン1つ（ケバブケース）

　一度覚えてしまえば誰でもその意味をすぐに把握できる点がBEMの命名規則のメリットですが、細かい記法のルールについては基本的なBEMの構造さえ守られていればある程度アレンジすることも可能です。
　例えば

- 複数単語を使う場合、ローワーキャメルケースを採用する（単語同士を連結して2つめ以降の単語の先頭文字だけ大文字とする）
- ローワーキャメルケース採用を前提として、Element、Modifierのセパレーターを2つではなく1つに減らす

といった事例は時々見かけることがあります。

`CSS`

```css
/*本来のBEM記法*/
.global-nav {…}
.global-nav__list {…}
.global-nav__item {…}
.global-nav__item--current {…}

/*アレンジしたBEM記法*/
.globalNav {}
.globalNav_list {…}
.globalNav_item {…}
.globalNav_item-current {…}
```

BEM記法においてケバブケースかキャメルケースかといった複数単語表記のルールや、セパレーターの種類は本質的なものでないため、アレンジを加えたとしてもBEM本来のメリットを損なうものではありません。ただしアレンジした場合でも記法やセパレーターの種類には明確なルールを設け、決めたルールは遵守することが条件です。

▶ BEMのデメリット

　BEMを初めて見た多くの人が最初は「なんか気持ち悪い」という印象を持つと思います。筆者もそうした印象を持って最初はなかなか導入する気にはなれませんでした。その気持ち悪さの原因が何かと考えてみると、**「class名が長すぎる」**という点があるでしょう。

　Block__Element--Modifierと構造をすべてつなげて明記するのが基本なので、ただでさえ1つのclass名が長くなるのに、特にModifierが複数重なった時には正直げんなりするほど冗長なマークアップになってしまいます。特にそれまで「できるだけ無駄を省いてシンプルにHTMLを書こう」と心がけてきた人ほど、ショックとともに強い嫌悪感を示すことになるかもしれません。

　例えばあるサービスの実績紹介（.results）の中に、特に注目させたい事例（.results-pickup）Blockがあり、その中に複数のコメントが並ぶが、さらにそのコメントにも優先順位で2種類のスタイルバリエーションがある……といった実務になるとありがちな複雑な事例をBEMで書くとこのような形になります。

> **Memo**
>
> ここで述べるclassの冗長性は、破綻を防ぎ、堅牢で長期的に保守しやすいCSSを設計するために考え抜かれた結果導き出されたものなので、実際に使っていくと決してデメリットではありません。ただ、入力の負荷が高いという意味で心理的なデメリットになります。

実務でありがちな事例

`HTML`

```html
<div class="results">
  <div class="results-pickup">
    <div class="results-pickup__comment results-pickup__comment--primary">～</div>
    <div class="results-pickup__comment results-pickup__comment--secondary">～
</div>
  </div>
</div>
```

……長いですね。この事例はModifierが1つですが、仮に2つ、3つと必要になるとしたら、正直HTMLを書くのが嫌になってくるレベルです。

もともとclass名が長くなりがちな上に、マルチクラスで記述しようとするとその長さに拍車がかかるというのがBEMの1つのデメリットです。

▶ BEMのデメリットを軽減するための応用手法

▶ Sassを活用してModifierはシングルクラスにする

特にModifierを利用する際に生じる、HTMLの冗長性の問題は、Sassを活用して重複する部分を一元管理し、HTML側は常にclassを1つだけ指定するシングルクラスに保つことである程度解消することが可能です。

シングルクラス設計にした事例

`HTML`

```html
<div class="results">
  <div class="results-pickup">
    <div class="results-pickup__comment--primary">〜</div>
    <div class="results-pickup__comment--secondary">〜</div>
  </div>
</div>
```

`SCSS`

```scss
%results-pickup__comment {
  //コメント本体の共通スタイル指定
}
.results-pickup__comment {
  @extend %results-pickup__comment; //共通指定を挿入
}

.results-pickup__comment--primary {
  @extend %results-pickup__comment; //共通指定を挿入
  //優先順位高の差分スタイル指定
}
.results-pickup__comment--secondary {
  @extend %results-pickup__comment;  //共通指定を挿入
  //優先順位低の差分スタイル指定
}
```

```css
.results-pickup__comment,
.results-pickup__comment--primary,
.results-pickup__comment--secondary {
    //コメント本体の共通スタイル指定
}
.results-pickup__comment--primary {
    //優先順位高の差分スタイル指定
}
.results-pickup__comment--secondary {
    //優先順位低の差分スタイル指定
}
```

　生のCSSで運用されることが前提となっている案件でBEMを採用する場合は、上記の出力結果CSSのように、Modifierに対して共通部分をグループセレクタで切り出してまとめておく作業を手動で行う必要があります。

　Modifierによる冗長性の問題については上記の対応である程度解決できますが、Modifierを複数掛け合わせて使用したい場合には組み合わせの数だけ差分スタイルを書かなければならず、CSS側の指定が煩雑になるため、どちらがよいとは一概には言えない難しさがあります。

/ Memo

コメント本体の共通スタイル指定を[class*="results-pickup__comment"]のように属性セレクタで指定しておくことも可能です。この方法だとModifierが増減しても共通スタイル指定のセレクタをメンテナンスする必要はありません。

/ Point

placeholder selector

%で始まるセレクタはSassのplaceholder selectorと呼ばれる機能で、それ自体はセレクタとして出力されないスタイルをまとめておくことができます。これを@extendで呼び出すことで、重複するスタイルを効率よくグループセレクタにまとめることができます。

▶ Modifierだけ単体class運用とする

　BEMはCSSでコンポーネント管理をするという思想でのプロジェクトにおいては非常に使い勝手のよい優れた設計手法ですが、先に述べたようにclass名が長くなり、特に適用したいModifierの数だけclassを複数指定するような場面でその問題が顕著に現れます。そこで比較的よく見られるアレンジが、**Modifierに該当するバリエーション名や状態変化のステータスについては単体classで運用する**というものです。

　基本的概念構造はBEMを踏襲しつつ、ModifierだけはBEMの命名規則を適用せず短い単体のclassを掛け合わせることでHTML・CSS双方の記述を省力化し、運用時の柔軟性を高めるメリットを享受できるため、このような運用は現場においてよく見られます。

　先ほどの事例をこのアレンジ手法で記述すると以下のようになります。

Modifierだけ単体classとした場合の事例

`HTML`

```html
<div class="results">
  <div class="results-pickup">
    <div class="results-pickup__comment _primary">～</div>
    <div class="results-pickup__comment _secondary">～</div>
  </div>
</div>
```

`SCSS`

```scss
.results-pickup__comment {
  // コメント本体の共通スタイル指定
  &._primary {
    // 優先順位高の差分スタイル指定
  }
  &._secondary {
    // 優先順位低の差分スタイル指定
  }
}
```

`CSS`

```css
.results-pickup__comment {
  // コメント本体の共通スタイル指定
}
.results-pickup__comment._primary {
  // 優先順位高の差分スタイル指定
}
.results-pickup__comment._secondary {
  // 優先順位低の差分スタイル指定
}
```

この手法のポイントは、以下の2点です。

- Modifier用の単体classには必ずそれとわかる特定の記号を付ける
- Modifier用の単体classは必ずそれを適用する本体classとの結合class としてスタイルを指定し、それ単体で機能するようにはしない

　この2点を守ることで、本来のBEMのModifierとほぼ同等の役割を持たせ ることが可能になります。しかし、1つの要素に複数のBlock・Element名が 指定されている場合、そのModifierがどこにかかるのかが、わかりづらくな るという問題もあります。

220

▶ BEMにもカテゴリの概念を導入する

BEMのBlockは本来Webサイトのどこででも再利用できるものではありますが、デザイン設計上、「各ページの基本構造としてページ内で1箇所しか使わないもの」「本当に汎用的にどこででも使えるもの」「そのページのコンテンツに特有のもの」など、そのBlockの「使われ方」にはおそらく特徴があるはずです。

BEMではそうしたBlockの使われ方を明示する仕組みはないため、基本的に付けられたBlockの名前から使われ方を推測する形となります。それはそれで慣れれば問題はないのですが、Blockの数が膨大になってくると、名前だけで管理するよりカテゴリ別に分類して整理したほうがわかりやすいと感じる場合も多いでしょう。

そうしたカテゴリ分類をわかりやすくするために有効なのが、名前の冒頭に「接頭辞」を付ける方法です。例えば基本レイアウト構造用のBlockは「l-」で始まるようにするというように、分類したカテゴリごとに接頭辞を変えておくことで命名規則から「使われ方」も判断できるようになります。

ただし、Block同士を分類する場合、今度は**「どのように分類するべきか?」**を考える必要が出てきます。これは単なるアレンジというよりCSSの設計思想そのものでもあるため、その場合はBEM的な考え方をベースにしながらコンポーネントを分類管理しやすく発展させた「FLOCSS」など別のCSS設計手法を検討したほうがよいかもしれません。

そもそもCSS設計手法というのは1つですべてをカバーできるような万能なものは存在しません。有名なCSS設計手法を参考にはするけれども、それをそのまま採用するのではなく、各自が自分のチームやプロジェクトに合わせて適宜アレンジすることは可能ですし、必要な工程と言えるでしょう。

あらためてChapter1〜3のソースコードを見直してみてください。特に言及はしていませんでしたが、ここまでのサンプルソースも基本的にBEMをベースに少しアレンジした命名になっていたのがわかるでしょうか? ここまでたくさんの小さなサンプルを通して読者の皆さんは既にBEM的な命名規則に触れてウォーミングアップはできていますので、ここからは本来のBEMを使ってCSS設計の考え方について学んでいきましょう。

LESSON 15

ヘッダーの設計を考える

ここからは、よくあるWebサイトのパーツ単位でBEMを基本としたCSS設計を採用した場合にどのように設計すればよいのか、事例を通して考えていきます。Lesson15ではヘッダー領域の設計を考えます。

▶ Blockの範囲を検討する

検討するヘッダーのデザイン仕様

まずは上の図のようなシンプルなヘッダーの設計を検討してみましょう。

▶ 各部品にBlock名を付ける

LESSON 15 ▶ 15-01

HTML

```
<header class="header">
  <h1 class="logo"><a href="/">Grass Field</a></h1>
  <button type="button" class="hamburger">
    <span>
      <span></span>
```

```
            <span>MENU</span>
          </span>
      </button>
      <nav class="gnav">
        <ul>
          <li><a href="#">Grass Fieldとは</a></li>
          <li><a href="#">事業案内</a></li>
          <li><a href="#">会社概要</a></li>
          <li><a href="#">商品一覧</a></li>
          <li><a href="#">よくあるご質問</a></li>
          <li><a href="#">お問い合わせ</a></li>
        </ul>
      </nav>
</header>
```

　ヘッダー・ロゴ・ハンバーガー（SPのみ）・グローバルナビの4つの部品から構成されているので、素直にそれぞれに対してその部品の役割をBlock名として付けておきます。

▶ BlockかElementか?

　いったん素直にBlock名を付けてみたものの、HTMLの入れ子構造を見て「ロゴ・ハンバーガー・グローバルナビはヘッダーのElementではないのか?」という疑問が生じる人もいるかと思います。
　この点に関しては、Blockは大まかに2種類あると考えると判断がしやすいのではないかと思います。

❶ あきらかにそれ自体に明確な役割・機能を持つ部品
❷ 様々な場所で繰り返し利用される汎用的な部品

　❶は必ずしも繰り返し利用されるとは限りません。例えばサイトのヘッダーは各ページ1箇所にしか存在しませんし、他の場所で再利用されることもありませんが、「ヘッダー」という独立した機能を持つ領域であるため、これはBlockとなります。ハンバーガーやグローバルナビといった部品もこれに該当します。
　❷は例えば見出しやボタン、アイコン、汎用的なリスト表示など様々な場所に配置され何度でも繰り返し再利用される部品です。サイトのロゴはヘッダーだけでなく比較的様々な場所に配置されるものですのでBlockとすることが可能です。ただし本当にそれ単体でどこででも使い回せるようにしておくべきかはデザインによるところも大きいので、ヘッダーのみで使用するも

Memo

BEMではBlockは粒度を問わずすべて同じBlockとして扱われます。これに対してFLOCSSではBlockの粒度と利用目的に応じてカテゴライズして接頭辞 l-（レイアウト）、c-（コンポーネント）、p-（プロジェクト）を付けることでそのBlockの粒度・利用目的を明示できるように考えられています。どちらがよいかは好みの問題です。

のとしてヘッダーのElementと定義するのも妥当な判断だと思われます。

Elementを命名する

次に各BlockのElementを命名します。Elementを定義する時にもいろいろと迷うポイントがありますので1つずつ細かく検討していきましょう。

Blockでありかつ Element でもある場合

LESSON 15 ● 15-02

Blockの中に他のBlockが入れ子になっている場合、特定の親ブロックの中に配置された場合だけスタイルを少し追加・変更したいといったケースはよくあります。先述のロゴについても、ヘッダーの中で利用する時だけレイアウトのためのスタイルを追加しなければならないということはよくあるでしょう。こうした場合には、次のようにheader__logoというElementとしてのclassを重ね付けし、ヘッダーの中に配置された場合だけの特別なスタイルはそちらに指定しておくようにしましょう。

サンプル 15-02（ロゴ部分）

HTML

```
<h1 class="logo header__logo"><a href="/">Grass Field</a></h1>
```

このようにしておくことで使いまわしのできる独立したロゴBlockのスタイルに影響することなく、特定の部品のElemtentとしてのスタイルを追加できます。

このようにBlock自身のスタイルと、特定のBlock内に配置された場合のレイアウトのスタイルを分けて考えると、部品の独立性を保ちながら様々なレイアウトに応用できるようになります。

Word

【Mix】

1つの要素に対してBlockとしてのclassと親BlockのElementとしてのclassを重ね付けする手法のことを、BEMでは「Mix」と呼んでいます。

224

ハンバーガーボタンを命名する

LESSON 15 ▶ 15-02

次にハンバーガーボタンのElementに名前を付けていきたいと思います。

ここでのポイントは、hamburgerという親Blockの直下のElement（span要素）の中に、さらに孫要素の部品が入れ子になっている点です。実際にマークアップしていると［親-子］という単純な構造だけではなく、孫要素、ひ孫要素といった具合にどんどん階層が深くなっていくことはよくあります。BEMではBlockの入れ子は許可されていますが、**Elementの入れ子は許可されていません**ので、以下のような命名はNGです。

NG例1

HTML
```
<button type="button" class="hamburger">
  <span class="hamburger__inner">
    <span class="hamburger__inner__line"></span>
    <span class="hamburger__inner__txt">MENU</span>
  </span>
</button>
```

また、.hamburger__innerに該当するspan要素を独立した新たなBlockとして以下のようにすることもこの場合は適切ではありません。なぜなら.hamburger直下のspan要素はあくまでハンバーガーボタンを構成する部品の1つであって、それ単体で成立するものではないからです。

NG例2

HTML
```
<button type="button" class="hamburger">
  <span class="hamburger-inner">
    <span class="hamburger-inner__line"></span>
    <span class="hamburger-inner__txt">MENU</span>
  </span>
</button>
```

今回のようにElementの部品の階層が深い場合は、以下のように命名すればOKです。

CHAPTER 4 CSS設計

225

OK例 サンプル15-02（ハンバーガーボタン部分）

`HTML`

```
<button type="button" class="hamburger">
  <span class="hamburger__inner">
    <span class="hamburger__line"></span>
    <span class="hamburger__txt">MENU</span>
  </span>
</button>
```

つまり、Element 部品については**子要素でも孫要素でも命名的にはすべて
親ブロックに直接所属する Element として表記すればよい**ということです。

➡ グローバルナビを命名する

LESSON 15 ➡ 15-02

最後にグローバルナビの命名を検討してみましょう。

サンプル15-02（グローバルナビ部分）

`HTML`

```
<nav class="gnav">
  <ul class="gnav__list">
    <li><a href="#">Grass Fieldとは</a></li>
    //省略
  </ul>
</nav>
```

まず gnav 直下の ul 要素には Element として gnav__list と命名しておきま
す。nav 要素の直下には ul 要素だけが入るとは限りませんし、BEM の命名規
則を積極的に破る理由もないからです。
　ただ、その下の li 要素・a 要素についてはどうでしょうか？　BEM の規則
に則って class 名を付けるならこのようになります。

`HTML`

```
<nav class="gnav">
  <ul class="gnav__list">
    <li class="gnav__item"><a href="#" class="gnav__link">Grass Fieldとは</
a></li>
    //省略
  </ul>
</nav>
```

226

BEMの規則では要素に**直接スタイル指定することは禁止されています**ので、li・a要素にも必ずclass名を付けてclassセレクタでスタイルをコントロールする必要があります。

　CSS設計の目的は修正・変更に強く、長期的なメンテナンスを可能にすることにありますので、多少記述が冗長になって面倒でも、将来的に問題が出そうな危険な芽はあらかじめ詰んでおくことを優先します。

　例えばclassを付けずに以下のようにスタイル定義していた場合、その時点では問題なくとも後に問題になることは十分に考えられます。

NG例

`HTML`

```
.gnav li {...}
.gnav li a {...}
```

　開発途中でメニューが2階層のドロップダウンメニューに変更された場合、ul要素が入れ子になって下層メニューにもスタイルが影響するため、スタイル指定が煩雑化します。

　また、メニューの要素は必ずしも常にaタグであるとは限りません。

　一部のメニューだけクリックしたら下層を開く、といった挙動にしたい場合、そのメニューは遷移させるのではなく開閉のための機能ボタンとなりますので、button要素でマークアップしたほうが適切です。aタグに直接スタイルが指定してあると、事情があって別の要素に差し替えた場合、スタイルがまったく適用されなくなってしまいます。

　このように、要素に直接スタイル指定をしないルールになっているのには、ちゃんとした理由があります。したがって最も安全なのは、面倒でもルールに従うことであることは言うまでもありません。

▶ 要素に直接スタイルを指定してはいけないのか？

　ここからは筆者個人の考えになりますが、すべての案件で同じようにまだ起きていない問題のリスクを考えてあらかじめすべての問題の芽を詰んでおくようにすべきなのか？というと、必ずしもそうではないとも思います。

　重要なのは、**なぜそのルールが設定されているのか、ルールを破った場合にどのようなリスクが発生するのかをきちんと把握すること**です。もし案件特性上それが許容できる範囲なのであれば、敢えてリスクを取ってその場の開発効率を優先するという判断があってもそれはそれでよいと思います。特に小〜中規模のWeb制作案件の場合は、特定の部品の中でしか使わない、変

227

化する可能性がほとんどない限定された要素に関してはclassを付けずに子・子孫セレクタでスタイル指定することを許容したとしても、実害はほぼないでしょう。

　例えば今回のグローバルナビに関しては、

- 基本はBEMの命名規則に則っている
- あらかじめデザインが固まっている
- あちこちで使い回す部品ではなく、一度決めたらめったなことでは変更されない
- ul要素はHTMLの文法で直下の子要素がli要素に限定されている

という特性があるので、

HTML

```html
<nav class="gnav">
  <ul class="gnav__list">
    <li><a href="#">メニュー1</a></li>
    //省略
  </ul>
</nav>
```

このようにli・aにはclassを付けずにシンプルにマークアップしておき、CSSでは次のように子セレクタで影響範囲を限定しておけば実害は少ないものと思われます。

CSS

```css
.gnav__list > li {...}
.gnav__list > li > a {...}
```

LESSON 16

カード型一覧の設計を考える

カード型一覧は1つのサイトの中で様々なパターンが用意されていることの多い部品です。Lesson16では、Webサイトで多用されるカード型一覧の設計をできるだけ変更に強い設計になるよう考えてみましょう。

▶ Blockの範囲を検討する

検討する2カラム・3カラムのカード一覧デザイン

　まずはデザインからBlockの範囲を検討します。今回は同じスタイルのカード型一覧ですが、使用箇所によって2カラム・3カラムのいずれかで表示できるようにしたいという意図があります。カード型の部品はグリッド状に配置する性質から、複数のカラムパターンが用意されていることもよくありますが、どのような設計パターンが考えられるのか、そのメリット・デメリットも合わせて考えてみましょう。

▶ ①レイアウトごと1つのBlockとする

LESSON 16 ▶ 16-01

`HTML`

```html
<ul class="card-list card-list--col3">
  <li class="card-list__item">
    <a href="#" class="card-list__inner">
      <div class="card-list__thumb">
        <img src="img/001.jpg" alt="写真：赤いハイビスカス">
      </div>
      <p class="card-list__txt">この文章はダミーです。文字の大きさ、量、字間、行間等を確認す
るために入れています。</p>
    </a>
  </li>
  // 省略
</ul>
```

　まず1つ目は、1つ1つのカードアイテムをまとめているul要素をまるごと1
つのBlockと定義し、中身はすべてそのElementとして完全にレイアウトと
カード本体を一体のコンポーネントとする考え方です。2カラム、3カラムの
バリエーションはModifierを追加すれば再現できますので、デザイン再現上
は特にこれでも問題はありません。

別の場所でカード単体部分を利用しようとした場合

`HTML`

```html
<div class="pickup">
  <div class="pickup__card">
    <!-- 表示はできますがElementの単体利用となるのでルール違反です！ -->
    <div class="card-list__inner">
      //省略
    </div>
  </div>
  <div class="pickup__body">
    <p>このカード情報に対する説明テキストが入ります。</p>
  </div>
</div>
```

　ただし、仮にカードの中身を1つだけ取り出して別のところで単体で使い
たいといった要望が出た場合、そのまま再利用するのはElementのみの単体
利用を禁止するBEMのルールに反するため、新たなBlockを再定義しなけれ
ばならないリスクがあります。また、親Block以下のすべての要素が並列の
Elementとして命名されることになるので、カード本体の構成要素が複雑だ
った場合は特に命名に困る場面が発生しやすいというデメリットもあります。

カードの構成要素が複雑だった場合

`HTML`

```html
<ul class="card-list card-list--col3">
  <li class="card-list__item">
    <a href="#" class="card-list__inner">
      <div class="card-list__thumb">
        <img src="img/001.jpg" alt="写真：赤いハイビスカス">
      </div>
      <div class="card-list__body">
        <p class="card-list__catch">キャッチコピーキャッチコピー</p>
        <p class="card-list__text">テキストが入ります。テキストが入ります。テキストが入ります。</p>
        <p class="card-list__more">詳しく見る</p>
      </div>
    </a>
  </li>
  //省略
</ul>
```

上記の例では、カード本体の範囲であるa要素にcard-list__innerという名前を使ってしまっているため、その中のテキスト部分全体を囲む範囲のcard-list__bodyという名前と役割が識別しづらい状態になってしまっています。

　コンテンツの中身が単純に画像だけ、テキストだけ、のように単純なリストであれば支障はありませんが、そうでない場合はレイアウトとコンテンツをまるごと1つのBlockとするのは基本的に避けたほうがよいでしょう。

▶ ②レイアウトを汎用グリッドとする

LESSON 16 ▶ 16-02

`HTML`

```html
<ul class="grid grid--col3">
  <li class="grid__item">
    <a href="#" class="card">
      <div class="card__thumb">
        <img src="img/001.jpg" alt="写真：赤いハイビスカス">
      </div>
      <p class="card__txt">この文章はダミーです。文字の大きさ、量、字間、行間等を確認するために入れています。</p>
    </a>
  </li>
  //省略
</ul>
```

　2つ目は、レイアウトとカード本体を完全に切り離し、レイアウトのほうはレイアウト専用の汎用グリッドBlockにまかせてしまうという考え方です。
　これはCSS設計の基礎であるOOCSSでも提唱されている「コンテナとコンテンツを分離する」という原則に基づいた基本的な設計手法です。

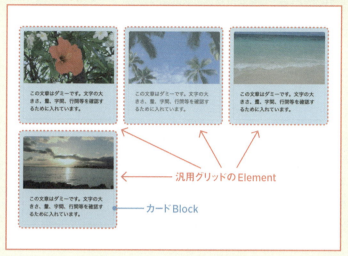

あらかじめ2カラム、3カラム、4カラムなど必要な分だけのレイアウト専用のBlockを用意しておくことで、必要な場面で自由に中身を入れ替えて構成するシステマティックな実装が可能となります。コンテンツの中身は問いませんので、どんなにコンテンツの種類が増えてもレイアウトの定義が1回で済み、効率という面ではこの方法が最も優れていると言えます。

ただし、この手法はデザイン段階からあらかじめ決まったグリッドの中にコンテンツを入れる前提で設計されていないとうまくいきません。同じような3カラムに見えて、実際にはコンテンツごとに少しずつカラム幅を変えていたり、コンテンツ内容によってSP側のレイアウトだけ見せ方を変えたりといったイレギュラーが多発するような場合はメリットをうまく活かすことができませんし、汎用的な名前だけで様々なバリエーションを作るのもなかなか骨が折れます。

機能性を重視し、システマティックにレイアウト設計されている案件であればおおいに活用すべき手法ではありますが、メリットを活かせるかどうかはデザイン次第という面もあるので注意が必要です。

③そのカード専用のレイアウトBlockを用意する

LESSON 16 ● 16-03

```html
<ul class="card-list card-list--col3">
  <li class="card-list__item">
    <a href="#" class="card">
```

```
        <div class="card__thumb">
          <img src="img/001.jpg" alt="写真:赤いハイビスカス">
        </div>
        <p class="card__txt">この文章はダミーです。文字の大きさ、量、字間、行間等を確認するために入れています。</p>
      </a>
    </li>
    //省略
</ul>
```

　3つ目は②と同様にカードのレイアウトとカード本体を別Blockとして定義しますが、レイアウトは汎用的なものではなく、カードの種類1つにつき、それをまとめるレイアウト用のBlockもセットで1つ用意するパターンです。
　例えばxxx-cardに対してはxxx-card-list、yyy-cardに対してはyyy-card-listといったセットを用意します。

　特定のカードとそれをまとめるレイアウトをゆるく結びつけておくことで、カード本体は単体で他の場所でも再利用できますが、そのカードを一覧化して表示する際にはレイアウトも含めて全体で1つのコンテンツというまとまりを維持する、折衷的なやり方です。
　見せたいコンテンツの内容ごとにカードのスタイルもレイアウトパターンも少しずつ違うといった、汎用的化しづらいデザイン設計となっている場合には、無理に汎用化せず、影響範囲を限定したそのコンテンツ固有のコンポーネントとしておいたほうが扱いやすいこともあります。

> **Memo**
> 筆者の経験では、特に単調なパターンを嫌うデザイン性の高いWebサイトや、LPなどのコンテンツ重視の案件などではこちらのパターンのほうが重宝する印象です。

内容変更に対応可能な設計を検討する

　カード型の一覧は、グローバルナビなどのような固定的なコンポーネントと違い、利用されるコンテキストごとにコンテンツ量の増減や適切なマークアップが変わってくる可能性が高いコンポーネントです。デザインカンプを先に作ってからコーディングをすることの多いWeb制作案件であっても、規模が大きくなってくるとコーディング着手時点ですべてのデザインカンプが揃っていることは稀ですので、ある程度予測できる変化には耐えられるようにあらかじめ準備しておくことが望ましいでしょう。ここでは、いくつかの変更パターンとその対策を考えてみます。

▶ 表示項目の増減を想定する

LESSON 16 ● 16-04

NG例

`HTML`

```
<ul class="card-list card-list--col3">
  <li class="card-list__item">
    <a href="#" class="card">
      <div class="card__thumb">〜省略〜</div>
      <p class="card__txt">〜省略〜</p>
    </a>
  </li>
  // 省略
</ul>
```

OK例

`HTML`

```
<ul class="card-list card-list--col3">
  <li class="card-list__item">
    <a href="#" class="card">
      <div class="card__thumb">〜省略〜</div>
      <div class="card__body">
        <p class="card__text">〜省略〜</p>
      </div>
    </a>
  </li>
  // 省略
```

```
  </ul>
```

　今のところサムネイル画像とテキストだけのシンプルなカード一覧ですが、サムネイルエリア以外のテキストが入る領域には周囲に余白があります。

　現状はテキストのp要素1つしかないので、そこに余白を付けてしまえばデザイン再現は可能ですが、後から見出しやタグなど別の要素が挿入されたパターンが出てくる可能性は十分ありえますので、サムネイル領域とその他コンテンツ領域はdivで分割しておいたほうが無難でしょう。カード型に限らず、Blockの中のメイン情報が挿入されるエリアについては、筆者は常に「xxx__body」というElement名を付けることにしています。

　BEMは親ブロック名さえ被っていなければElementの名前は他のブロックと共通であっても何ら問題ないので、**役割ごとにあらかじめ使用するElement名を固定**しておくと、命名作業が非常に楽になります。以下のElement名としてよく使う名前の例を参考にしてください。

- __wrapper（Blockの外側を囲む必要がある場合）
- __inner（Blockの内側を囲む必要がある場合）
- __thumb（サムネイル画像エリア）
- __body（コンテンツ本文エリア）
- __title（見出しテキスト）
- __text（テキスト）

▶ classの省略はしない

LESSON 16 ▶ 16-05

　Lesson15のグローバルナビのようなケースでは、ul>liで構造が固定されるということもあり、li要素やa要素のclassを省略したとしても実害はほぼないと述べましたが、どのような使われ方をするのか、どのような変更が入るのか不確定なコンポーネントに関しては特にclassの省略はNGです。

当初想定のマークアップ

HTML

```html
<ul class="card-list card-list--col3">
  <li class="card-list__item">
    <a href="#" class="card">
      <div class="card__thumb">〜省略〜</div>
      <div class="card__body">
        <p class="card__text">〜省略〜</p>
      </div>
    </a>
```

```
    </li>
    // 省略
  </ul>
```

当初のマークアップはul>li>aですが、要素に直接スタイルを当てることなく、BEMのBlock構造に合わせてすべてclassを振ってあります。このようにしておけば、次の①・②のように当初予定のスタイルに影響を与えることなく、ある程度の構造変更にも耐えられるようになります。

①リンクなし一覧パターンで利用

HTML

```
<ul class="card-list card-list--col3">
  <li class="card-list__item card">
    <div class="card__thumb">〜省略〜</div>
    <div class="card__body">
      <p class="card__text">〜省略〜</p>
    </div>
  </li>
  // 省略
</ul>
```

①は同じデザインでリンクがないケースでの利用方法です。カード本体のBlockをa要素に当てていましたが、a要素がなくなってしまったため、1つ上のli要素をcard-listのElementであり、かつcardのBlockでもあるMix要素として指定しています。

もともとcard-listはレイアウトのみ、cardはカード本体のスタイルのみでお互いに干渉しあうスタイルは持っていないので、このような指定が可能となります。

②コンテンツ量が増えsection要素に変更

HTML

```
<div class="card-list card-list--col3">
  <section class="card-list__item">
    <a href="#" class="card">
      <div class="card__thumb">〜省略〜</div>
      <div class="card__body">
        <h2 class="card__tit">見出しテキスト</h2>
        <p class="card__text">〜省略〜</p>
        <ul class="card__tag tag-list">
          <li class="tag-list--item tag">タグA</li>
          <li class="tag-list--item tag">タグB</li>
              <li class="tag-list--item tag">タグC</li>
```

```
        </ul>
        <p class="card__btn">詳しく見る</p>
      </div>
    </a>
  </section>
  // 省略
</div>
```

　カード型一覧についてはもともとul要素とすべきかsection／article要素
とすべきか意見の分かれるコンポーネントですが、見出しを伴って一定量の
コンテンツを含むものであるならセクショニング・コンテンツとしてマーク
アップしたほうが適切である可能性があります。

　ここではその是非は議論しませんが、諸事情によりulではなく、section／
article、場合によってはdivなど別の要素に変更しなければならないという
こともありえるのが、グローバルナビなどの固定的なコンポーネントとは事
情が異なる部分です。

　そのような場合でも、スタイルが要素ではなくclassに定義されていれば
（階層構造さえ変わらなければ）CSSはそのままでマークアップ要素を変更す
ることができます。

LESSON **17**

ボタンの設計を考える

Webサイトの中では様々な場所でたくさんのボタンが使われます。ボタンには色、大きさ、配置など実に様々な組み合わせがあります。Lesson17では、効率よく様々な種類のボタンを管理できるようにするにはどうしたらよいかを考えます。

▶ シングルクラスでボタンを設計する

　Webサイト内で使われるボタンは通常、コンテンツの優先度、促す動作の種類、配置される場所などでスタイルが異なることが多く、1種類で済むことはほぼありません。色違い、サイズ違いなど様々なバリエーションが考えられるボタンを、classを1つだけ設定するシングルクラスで実装した場合、どのようなことが起こるのか見てみましょう。

色違い×サイズ違いのボタンデザイン

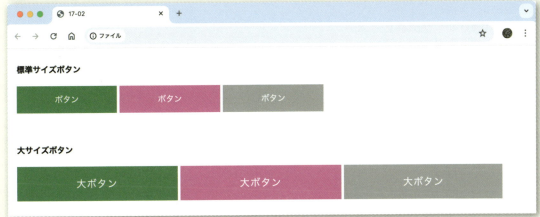

➡ シングルクラスで色違いボタンを実装する

LESSON 17 ➡ 17-01

HTML

```html
<!-- 色違いパターン -->
<a href="#" class="btn-green">ボタン</a>
<a href="#" class="btn-pink">ボタン</a>
<a href="#" class="btn-gray">ボタン</a>
```

CSS

```css
.btn-green {
  display: inline-block;
  min-width: 200px;
  padding: 15px 30px;
  background-color: #338833;
  color: #fff;
  text-align: center;
  text-decoration: none;
  line-height: 1.4;
}
.btn-pink {
  display: inline-block;
  min-width: 200px;
  padding: 15px 30px;
  background-color: #eb46a6;
  color: #fff;
  text-align: center;
  text-decoration: none;
  line-height: 1.4;
}
.btn-gray {
  display: inline-block;
  min-width: 200px;
  padding: 15px 30px;
  background-color: #aaaaaa;
  color: #fff;
  text-align: center;
  text-decoration: none;
  line-height: 1.4;
}
```

　上記は同じ大きさで色違いのボタンをそれぞれ別の1つのclassで実装した場合です。ボタンスタイルとclassが1対1で対応しているのでHTMLのほうは簡潔ですが、CSSのほうは背景色以外すべて同じで無駄が多くなってい

ます。色が増えればその分だけ無駄な重複コードも増えますし、ボタンのサイズに調整が入った場合、すべての色のスタイル定義に同じ修正をしなければなりません。

重複部分をグループセレクタでまとめる

`CSS`

```css
.btn-green,
.btn-pink,
.btn-gray {
  display: inline-block;
  min-width: 200px;
  padding: 15px 30px;
  color: #fff;
  text-align: center;
  text-decoration: none;
  line-height: 1.4;
}
.btn-green {
  background-color: #338833;
}
.btn-pink {
  background-color: #eb46a6;
}
.btn-gray {
  background-color: #aaaaaa;
}
```

　このように重複部分をグループセレクタでまとめておけば無駄は最小限に押さえられますが、サイズ違いのパターンが導入されたらどうなるでしょうか？

▶ **シングルクラスで色違い×サイズ違いボタンを実装する** ┃ LESSON 17 ● 17-02

`HTML`

```html
<!-- 標準サイズ -->
<a href="#" class="btn-green">ボタン</a>
<a href="#" class="btn-pink">ボタン</a>
<a href="#" class="btn-gray">ボタン</a>
<!-- 大サイズ -->
<a href="#" class="btn-green-large">大ボタン</a>
<a href="#" class="btn-pink-large">大ボタン</a>
<a href="#" class="btn-gray-large">大ボタン</a>
```

```
/*標準サイズ*/
.btn-green,
.btn-pink,
.btn-gray {
  display: inline-block;
  min-width: 200px;
  padding: 15px 30px;
  color: #fff;
  text-align: center;
  text-decoration: none;
  line-height: 1.4;
}
.btn-green {
  background-color: #338833;
}
.btn-pink {
  background-color: #eb46a6;
}
.btn-gray {
  background-color: #aaaaaa;
}

/*大サイズ*/
.btn-green-large,
.btn-pink-large,
.btn-gray-large {
  display: inline-block;
  width: 100%;
  max-width: 320px;
  padding: 20px 30px;
  color: #fff;
  text-align: center;
  font-size: 1.2em;
  line-height: 1.4;
  letter-spacing: 0.08em;
}
.btn-green-large {
  background-color: #338833;
}
.btn-pink-large {
  background-color: #eb46a6;
}
.btn-gray-large {
  background-color: #aaaaaa;
}
```

標準サイズでも大サイズでも、色のバリエーションは同じなので、サイズごとにグループセレクタで共通部分をまとめても、今度は各サイズごとに同じ色バリエーション指定が重複してしまいました。サイズが増えたり、色が増えるたびに重複箇所はどんどん増えていきます。

　Webサイトのデザイン設計にもよりますが、一般的にボタンのバリエーションは比較的多彩で、しかも最初に決めたパターン以外にもどんどん新しいバリエーションが追加される可能性もあるため、最も拡張性が求められるコンポーネントの1つです。シングルクラスの場合、**バリエーションが増えるたびに新たに他と被らないclass名を考えなければならず**、拡張性の観点からこのことが大きな問題となります。

マルチクラスでボタンを設計する

　今度は同じように色違い・サイズ違いなどのバリエーションをマルチクラスで実装した場合にどうなるのかを見てみましょう。

マルチクラスで色違いボタンを実装する

LESSON 17 ● 17-03

HTML

```html
<!-- 色違いパターン -->
<a href="#" class="btn btn--green">ボタン</a>
<a href="#" class="btn btn--pink">ボタン</a>
<a href="#" class="btn btn--gray">ボタン</a>
```

CSS

```css
/*ボタンのベーススタイル*/
.btn {
  display: inline-block;
  min-width: 200px;
  padding: 15px 30px;
  color: #fff;
  text-align: center;
  text-decoration: none;
  line-height: 1.4;
}
/*色バリエーション*/
.btn--green {
```

```css
  background-color: #338833;
}
.btn--pink {
  background-color: #eb46a6;
}
.btn--gray {
  background-color: #aaaaaa;
}
```

　マルチクラス設計の場合、同じ大きさで色違いのボタンを「ボタンのベーススタイル」と「色バリエーション」の掛け合わせで実装します。1つのボタンを実装するのに必ず2つのclassを記述する必要があるため、HTMLのほうは若干煩雑ですが、CSSのほうは非常にスッキリしているのがわかります。

➡ マルチクラスで色違い×サイズ違いボタンを実装する　　LESSON 17 ➡ 17-04

HTML

```html
<!-- 標準サイズ -->
<a href="#" class="btn btn--green">ボタン</a
<a href="#" class="btn btn--pink">ボタン</a>
<a href="#" class="btn btn--gray">ボタン</a>
<!-- 大サイズ -->
<a href="#" class="btn btn--large btn--green">大ボタン</a>
<a href="#" class="btn btn--large btn--pink">大ボタン</a>
<a href="#" class="btn btn--large btn--gray">大ボタン</a>
```

CSS

```css
/*標準サイズ*/
.btn {
  display: inline-block;
  min-width: 200px;
  padding: 15px 30px;
  color: #fff;
  text-align: center;
  text-decoration: none;
  line-height: 1.4;
}

/*大サイズ*/
.btn--large {
  width: 100%;
  max-width: 320px;
```

```css
  padding: 20px 30px;
  font-size: 1.2em;
  letter-spacing: 0.08em;
}

/*色バリエーション*/
.btn--green {
  background-color: #338833;
}
.btn--pink {
  background-color: #eb46a6;
}
.btn--gray {
  background-color: #aaaaaa;
}
```

　サイズ違いが導入された場合でも、ベーススタイル＋バリエーションの掛け合わせで設計する場合は大サイズ用のスタイルを追加するだけでCSSに重複はありません。ただし、HTMLのほうは掛け合わせるバリエーションが増えるごとに付与するclassがどんどん増えていきますので、こちらは逆に煩雑になります。しかし、新しいバリエーションが増えても既存のclassに手を加えることなく必要なclassを追加すればよく、掛け合わせるclassによって様々なバリエーションを作ることができるため、このHTML側の煩雑さは**「拡張性」という面ではメリット**であると言えます。

▶ マルチクラスで異なる形状のボタンが追加された場合 　LESSON 17 ● 17-05

円形ボタン

円形ボタン　　　　円形大ボタン

HTML

```html
<!-- 円形ボタン -->
<p><a href="#" class="rounded-btn">円形ボタン</a></p>
<p><a href="#" class="rounded-btn rounded-btn--large">円形大ボタン</a></p>
…
```

CSS

```css
/*円形ボタンベース*/
.rounded-btn {
  display: inline-block;
  min-width: 200px;
  padding: 1em 2em;
  border-radius: 2em; /*サイズ展開しても円形を保つ*/
  border: 2px solid;
  background: #fff;
  color: #338833;
  text-align: center;
  text-decoration: none;
  line-height: 1.4;
}

.rounded-btn--large {
  width: 100%;
  max-width: 400px;
  font-size: 1.8rem;
}
```

マルチクラスでのボタン設計で1つ注意しなければならないのは、**ベースとなるボタンスタイルは必ずしも1種類である必要はない**という点です。サンプル17-05では四角い標準ボタンとは、あきらかにスタイルが異なる円形のボタンを追加しています。

- 両端が円形となってる
- 白ベースにボーダー付き
- サイズ展開されても両端は常に円形を保つ必要がある

このように、比較的差異の大きい別種のボタンが必要となった場合には、無理にModifierでバリエーションを増やすのではなく、新たなBlockとして定義することも検討してみましょう。

- 標準ボタンからのベースの差異がある程度多いかどうか
- 標準ボタンとは異なるバリエーション展開のパターンを持っているかどうか

このあたりを考慮してベースとなるスタイルを分けるかどうかを判断するとよいでしょう。

ボタンの命名を検討する

　ボタンというのは使用されるコンテキストに応じて様々なバリエーションが考えられるものではありますが、だからといって無秩序・無制限にバリエーションを増やしていいというものではありません。ボタンはユーザーを適切に次のコンテンツや行動に導くための大切なユーザーインターフェースですから、ほとんどの場合、そのボタンの目的によって色や形などのスタイルがいくつかのパターンに分類されており、見た目と役割は基本的に対応しているはずです。

　CSS設計とは情報デザイン設計を数値化してHTML／CSSで実装しやすい形に整理することに他なりませんので、基本的にデザインの設計意図を命名にも落とし込むようにしたほうがよいでしょう。

色展開の命名案

LESSON 17　17-06

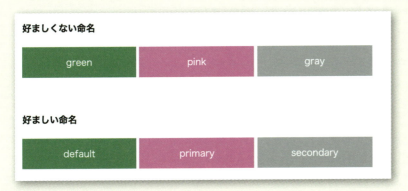

```html
<!-- 好ましくない命名 -->
<a href="#" class="btn btn--green">green</a>
<a href="#" class="btn btn--pink">pink</a>
<a href="#" class="btn btn--gray">gray</a>

<!-- 好ましい命名 -->
<a href="#" class="btn btn--default">default</a>
<a href="#" class="btn btn--primary">primary</a>
<a href="#" class="btn btn--secondary">secondary</a>
```

サンプル17-01〜04ではボタンの色違いを表現するためにbtn--greenといった直接的な色の名前を使用していますが、実はこれはあまり好ましい例ではありません。ボタンの色というのはでたらめに設定されているのではなく、多くの場合はそのボタンの「**役割**」**に直結しています。**

　また、色やデザインが修正される場合には「役割ごと」に再検討が行われますので、例えば一番重要なユーザーアクションを促すボタン類は赤だったのでbtn--redと命名していたのに、後からデザインが変更されてオレンジに変更されたという場合、すべて命名し直さなければならないか、名前はredなのに見た目はオレンジといったちくはぐな状態に陥ってしまうかのどちらかの問題が生じます。

　そのため、ボタンの色は直接的な色の名前ではなく、そのボタンが持つ役割をベースに分類し、命名するようにしておくのが基本です。以下はいくつかのボタン名の案です。

役割に応じたボタン名の例

ボタン名	役割
btn--default	標準的なボタン全般（※標準ボタンのベースに含めてしまうのも可）
btn--action	購入・申込み・送信など直接的なユーザーの行動を促すボタン
btn--primary	特に注目してもらいたい重要なボタン
btn--secondary	重要度が少し落ちるが標準よりは目立たせたいボタン
btn--disabled	非活性のボタン（一時的に機能停止している状態）

　また、基本がベタ塗りのボタンである場合、その色を反転させたタイプ（reverse）や、濃い背景色の上に乗せる前提の白線・白文字の透明タイプ（ghost）といったデザインが入ってくることもあります。これらは上記の各ボタンのサブバリエーションであるので、btn--primary-reverseやbtn--default-ghostといった形で対応するボタンに対して2つ目のModifier名をつなげるようにしておくとよいでしょう。

/ **Memo**

ボタン命名に迷ったら、Bootstrapが用意しているボタンのclass名も参考になります。

https://getbootstrap.jp/docs/5.0/components/buttons/

なおボタンがどのように分類され、どのようなデザインが適用されているかは当然案件ごとに異なりますが、中には明確な分類パターンが見えてこないとか、同じ用途なのに異なるスタイルのボタンが混在しているようなケースもあります。経験の浅いデザイナーが担当している案件ではよくあることですが、こうしたケースに遭遇した場合はそのまま実装するのではなく、一度デザイナーとよく協議して整理することも必要でしょう。

サイズ展開の命名案

LESSON 17　17-07

```html
<p><a href="#" class="btn btn--default">標準ボタン</a></p>
<p><a href="#" class="btn btn--small btn--default">小ボタン</a></p>
<p><a href="#" class="btn btn--large btn--default">大ボタン</a></p>
<p><a href="#" class="btn btn--compressed btn--default">圧縮ボタン</a></p>
…
```

　ボタンの色が比較的明確に役割と直結しているのに対して、ボタンの大きさはそのボタンの役割と常に密に連動しているわけではありません。したがってサイズについてはそのままサイズ展開がわかるModifier名を検討すればよいでしょう。

　ただし、「大・中・小」といったわかりやすいシンプルな展開だけでなく、「特大・大・中・小・極小」のような多段階で展開されている場合もあるでしょうし、「幅は同じだが高さを押さえたもの」のようなバリエーションもあるでしょう。サイズ展開がある場合には、どういう大きさのボタンなのかが把握しやすいModifier名を付けることが重要です。以下はサイズ展開用の命名例です。

サイズ展開用の命名例

class 名	適用サイズ
btn--xsmall	極小サイズ
btn--small	小サイズ
btn--medium	中サイズ（※標準ボタンのベースに含めてしまうのも可）
btn--large	大サイズ
btn--xlarge	特大サイズ
btn--compressed	高さを抑える
btn--wide	全幅にする

▶ レイアウト指定を別 Block に持たせる

　ボタンはそれ単体で配置されることもあれば、2つ並べて配置されることもあります。また、右寄せ・左寄せ・中央寄せのいずれの配置もありえます。同じボタンであってもそれが配置される場所によってレイアウトが異なるため、ボタンそのものにレイアウトの情報を持たせてしまうと、異なるレイアウトで使用したい場合に困ってしまいます。

　したがって、多少面倒でも基本的にボタンのレイアウトは親要素側から指定するようにするのが基本となります。ボタンのレイアウトを指定する方法としては、主に次の3つの方法が考えられます。

①レイアウト専用Blockを用意する

LESSON 17　17-08

```html
<!-- ボタン1つ -->
<div class="btns-center">
  <a href="#" class="btn btn--default btn--large">TOPへ戻る</a>
</div>

<!-- ボタン2つ -->
<div class="btns-center">
  <a href="#" class="btn btn--default-reverse btn--large">修正する</a>
  <button class="btn btn--default btn--large">確認する</button>
</div>
```

```css
/*中央配置ボタン専用のレイアウト*/
.btns-center {
  display: flex;
  flex-direction: column;
  justify-content: center;
  align-items: center;
}
.btns-center >.btn + .btn {
  margin-top: 20px;
}
@media (min-width: 768px) {
  .btns-center {
    flex-direction: row;
  }
  .btns-center >.btn + .btn {
    margin-top: 0;
    margin-left: 20px;
  }
}
```

　各セクションの末尾に配置され、比較的大きなボタンを1つまたは2つ中央配置するなど、特定のレイアウトで繰り返し配置するパターンがある場合は、それ専用のレイアウトBlockを用意しておくと使い勝手がよくなります。

②配置された親Blockからレイアウトを指定する

LESSON 17　17-09

HTML

```
<div class="pickup">
  <div class="pickup__card">
    <div class="card">
      <div class="card__thumb"><img src="img/001.jpg" alt="写真：赤いハイビスカス"></div>
      <p class="card__txt">この文章はダミーです。〜省略〜</p>
    </div>
  </div>
  <div class="pickup__body">
    <p>このカード情報に対する説明テキストが入ります。〜省略〜</p>
    <p class="pickup__btn"><a href="#" class="btn btn--primary btn--small">詳細を見る</a></p>
  </div>
</div>
```

CSS

```
/*----------------------------------------
    Pickup
----------------------------------------*/
〜省略〜
.pickup__btn {　/*このBlock内でのボタンレイアウトをElementとして定義*/
    margin-top: 20px;
    text-align: right;
}
```

　各ページコンテンツに固有の様々なコンポーネントパーツの中でボタンを使用する場合、スタイルは共通でもレイアウトは各コンポーネントごとに固有のものになっている場合が多いでしょう。このような場合はボタンに親BlockのElementクラスを設定し、レイアウトはそちらに指定するようにしておきましょう。そうすることでセレクタの詳細度を低く保つことができ、ボタン自身のスタイルとレイアウトの指定も明確に分離しておくことができます。

③ユーティリティclassで指定する

LESSON 17 ▸ 17-10

HTML

```html
<!-- 左寄せ -->
<div class="ta-l mt20">
  <a href="#" class="btn btn--default">ボタン</a>
</div>

<!-- 中央寄せ -->
<div class="ta-c mt20">
  <a href="#" class="btn btn--default">ボタン</a>
</div>

<!-- 右寄せ -->
<div class="ta-r mt20">
  <a href="#" class="btn btn--default">ボタン</a>
</div>
```

CSS

```css
/*-----------------------------------------
     ユーティリティ（抜粋）
-----------------------------------------*/
/*ユーティリティclassは元のスタイルを確実に上書きすることが求められる場面が多いため、ユーティリティ
classには例外的に!importantを使うことが一般的です。*/

/*左右中央配置*/
.ta-l { text-align: left !important;}
.ta-c { text-align: center !important;}
.ta-r { text-align: right !important;}

/*マージン*/
.mt0 {margin-top: 0 !important;}
.mt10 {margin-top: 10px !important;}
.mt20 {margin-top: 20px !important;}
.mt30 {margin-top: 30px !important;}
.mt40 {margin-top: 40px !important;}
.mt50 {margin-top: 50px !important;}
```

　最後の方法は、特定のプロパティを任意に適用できるようにするユーティ
リティclassで必要なレイアウトを組み上げる方法です。本来BEMはユーテ
ィリティclassの使用は想定していませんが、実際の案件でまったくユーテ
ィリティclassを使わずに構築するのもなかなか難しいので、わざわざ専用
のBlockを作るまでもない単発のスタイルを適用したい場合などにはある程
度の利用も許可してよいのではないかと筆者は考えています。

ただし、ユーティリティclassだけで複雑なレイアウトを組み上げるようなやり方は、やりすぎるとHTMLに直接CSSを書いているのと同じ状態となってしまうため、少なくともBEMベースでCSS設計している場合には避けたほうがよいでしょう。

ユーティリティを利用するのは、特に規則性がなく、単発で特定のプロパティを適用したいといったケースで最小限の利用に留めておいたほうが無難です。

> **Memo**
>
> ユーティリティclassは最小限の利用に留めるという規則を設定しても、複数人で運用していると「最小限」の基準が違ったり、面倒臭がってユーティリティで済ませてしまったりする人が出たりするなど、収集がつかなくなってくる恐れもあります。そのため、BEM設計を採用している案件では「ユーティリティは一律禁止」としているケースもよく見られます。

ユーティリティファーストCSS

ここ数年、特にReactやVueなどのJSフレームワークを利用して実装するWeb開発領域のWebエンジニアの中から「ユーティリティファーストCSS」を選択する声が増えてきています。ユーティリティファーストCSSとは、その名の通りすべてのスタイル・レイアウトをあらかじめ用意されている単独のプロパティを指定するユーティリティclassの組み合わせだけで構築し、CSS自体は直接自分で書かないという手法です。

BEMにしろFLOCSSにしろ、CSSでコンポーネント管理をしようとするCSS設計自体が万能ではなく、どう頑張っても命名に時間を取られ、頻繁に変更が入るアジャイル開発では命名に一貫性を持たせようとしても現実的にはかなり難しいという実情があります。そのため特にWeb開発の現場ではWebサイト制作で主流となっているCSS設計の手法を捨て、HTMLに直接スタイルを当てるのと同じ感覚で完全に見た目だけを考えて構築できるユーティリティファーストCSS（tailwindcssなど）を採用するケースが増えてきています。

CSSを設計せず、ユーティリティの組み合わせだけで構築するという手法は、正直CSSレイアウトをする時のストレスをかなり軽減してくれるのは事実です（なにしろ「設計」などしなくてよいのですから……！）。ただし、この手法はReactなどのJSフレームワーク側でコンポーネントの管理が担保されているからこそ可能になる手法です。また、HTML側はclassの嵐で、膨大なclass名を把握して使いこなす必要も出てきます。

筆者としてはユーティリティファーストCSS自体は否定はしませんが、Reactなどを使用しない、一般のWebサイト制作現場で採用するにはデメリットが大きすぎるため、案件特性によって棲み分けがされていくのだろうと考えています。本書はあくまで一般のWebサイト制作を念頭において必要な知識・技術を解説していますのでCSS設計を必須のスキルとしていますが、ReactなどのJSフレームワークが前提となるWeb開発の現場では、CSS管理の考え方もまったく異なるということは意識しておいたほうがよいでしょう。

tailwindcssでの構築例

```html
<div class="mt-8 flex lg:mt-0 lg:flex-shrink-0">
  <div class="inline-flex rounded-md shadow">
    <a href="#" class="inline-flex items-center justify-center px-5 py-3 border border-transparent text-base font-medium rounded-md text-white bg-indigo-600 hover:bg-indigo-700">
      Get started
    </a>
  </div>
  <div class="ml-3 inline-flex rounded-md shadow">
    <a href="#" class="inline-flex items-center justify-center px-5 py-3 border border-transparent text-base font-medium rounded-md text-indigo-600 bg-white hover:bg-indigo-50">
      Learn more
    </a>
  </div>
</div>
```

LESSON 18

見出しの設計を考える

ボタンと並んで汎用的に使用されることの多いコンポーネントが見出しです。Lesson18では見出しの効率的な設計について考えていきます。

見出しの使われ方とその設計

　見出しとは、文書を伝えたい内容によって複数のセクションに分割した際に、そのセクションの内容を端的に伝えるタイトル文言であり、情報構造上もページデザイン上も非常に重要なコンポーネントです。まずは見出しならではの使われ方の特徴と、それを踏まえた適切な設計を見ていきましょう。

見出しは文書構造を決定する重要な要素

LESSON 18 ▶ 18-01

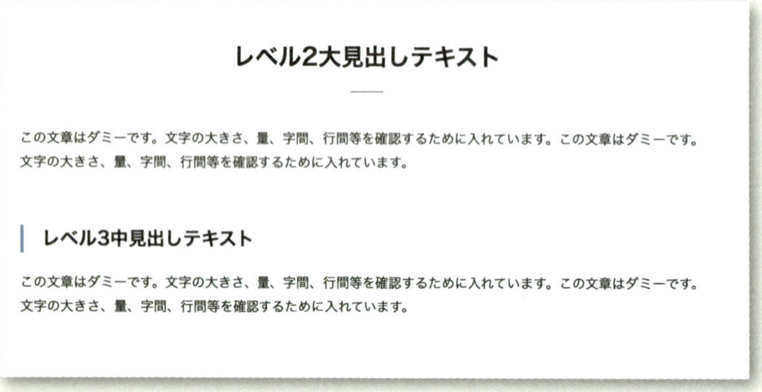

レベル2大見出しテキスト
この文章はダミーです。文字の大きさ、量、字間、行間等を確認するために入れています。この文章はダミーです。文字の大きさ、量、字間、行間等を確認するために入れています。
レベル3中見出しテキスト
この文章はダミーです。文字の大きさ、量、字間、行間等を確認するために入れています。この文章はダミーです。文字の大きさ、量、字間、行間等を確認するために入れています。

HTML

```
<section class="section">
  <h2 class="heading-lv2">レベル2大見出しテキスト</h2>
  <p>この文章はダミーです。…省略</p>
```

```
    <section class="sub-section">
        <h3 class="heading-lv3">レベル3中見出しテキスト</h3>
        <p>この文章はダミーです。…省略</p>
    </section>
</section>
```

　サンプル18-01は簡単なセクション構造と見出しレベルの関係です。セクションが入れ子になり、情報の階層が1つ下がったら、そのセクションの見出しレベルも1つ下げるというように、情報の階層構造に応じ適切にレベル（h1〜h6）を使い分ける必要があります。

　デザイン面では、同じレベルの見出しは同じデザインで統一することで視覚的にも情報の区切りを明示しデザインの統一感も担う重要な役割を持っているため、一般に見出しレベルとそれに対応するスタイルは一致しているというのがデザインにおける常識です。

　しかし、実際には**HTMLで表現する情報の階層構造に伴う見出しレベルと、デザイン表現上の見出しスタルは必ずしも一致するとは限りません。**そこに見出し設計の難しさがあります。

> **Memo**
>
> Webでも読み物中心の記事ページのデザインに限って言えば、書籍の誌面デザインのように情報の階層構造上の見出しレベルとそれに対応する見出しスタイルは基本的に一致しています。

▶ 見出しの構造とスタイルは常に一致するわけではない

LESSON 18 ● 18-02

CHAPTER 4　CSS設計

レベル2大見出しテキスト

この文章はダミーです。文字の大きさ、量、字間、行間等を確認するために入れています。この文章はダミーです。文字の大きさ、量、字間、行間等を確認するために入れています。

補足セクションの見出し（h2）

この文章はダミーです。文字の大きさ、量、字間、行間等を確認するために入れています。この文章はダミーです。文字の大きさ、量、字間、行間等を確認するために入れています。

HTML

```
<section class="section">
    <h2 class="heading-lv2">レベル2大見出しテキスト</h2>
    <p>この文章はダミーです。文字の大きさ、量、字間、行間等を確認するために入れています。この文章はダミーです。文字の大きさ、量、字間、行間等を確認するために入れています。</p>
</section>
<aside class="aside-section">
    <h2 class="heading-lv3">補足セクションの見出し（h2）</h2>
```

```
    <p>この文章はダミーです。文字の大きさ、量、字間、行間等を確認するために入れています。この文章はダミー
  です。文字の大きさ、量、字間、行間等を確認するために入れています。</p>
</aside>
```

CSS

```css
/*Lv2*/
.heading-lv2 { /*h2に直接スタイルを当ててはいけない*/
  display: flex;
  flex-direction: column;
  align-items: center;
  margin-bottom: 40px;
  font-size: 28px;
  line-height: 1.5;
}
.heading-lv2::after {
  content: "";
  display: block;
  width: 40px;
  margin-top: 15px;
  border-top: 1px solid;
}
/*Lv3*/
.heading-lv3 { /*h3に直接スタイルを当ててはいけない*/
  margin-bottom: 20px;
  padding-left: 1em;
  border-left: 4px solid #558ebd;
  font-size: 22px;
  line-height: 1.5;
}
```

　サンプル18-02では構造上の見出しレベルと表現上の見出しレベルにズレ
があるため、同じ見出しスタイルであっても適用されるHTML要素が異なり
ます。コンポーネントは様々な場所で再利用される可能性があるため、元の
場所と再配置先では情報の階層が異なるということもありえます。階層が異
なれば基本的に見出しレベルも変更する必要があるため、そういう意味でも
見出しレベルに直接スタイルを当てていると問題が発生する頻度が非常に高
くなるのです。

　BEMを始めとするあらゆるCSS設計では常に「要素に対して直接スタイル
指定してはいけない」と言われますが、その事例として一番に挙げられるほ
ど、**見出しは特に要素とスタイルが一致しない典型的なコンポーネントです。**
CSSを設計する時には常にそのことを頭に入れておく必要があります。

▶ サブタイトルが付属する場合

　見出しは単純に見出しテキストのみで構成されるとは限りません。サブタイトルや英字タイトルが見出しテキストの上または下、もしくはその両方に付くような場合があります。このような場合の見出しの設計は、「どのようにマークアップするか」「付属要素を取り外し可能な状態にするにはどうしたらよいか」といったことを考える必要があります。

▶ 見出しの下にサブタイトルが付く場合

LESSON 18 ▶ 18-03

レベル2大見出しテキスト

サブタイトル

───

この文章はダミーです。文字の大きさ、量、字間、行間等を確認するために入れています。この文章はダミーです。文字の大きさ、量、字間、行間等を確認するために入れています。

HTML

```html
<h2 class="heading-lv2">
  <span class="heading-lv2__main">レベル2大見出しテキスト</span>
  <span class="heading-lv2__sub">サブタイトル</span>
</h2>
```

CSS

```css
/*Lv2*/
.heading-lv2 {
  display: flex;
  flex-direction: column;
  align-items: center;
  margin-bottom: 40px;
  line-height: 1.5;
}
.heading-lv2::after { /*罫線は必須なので親の擬似要素で設定する*/
  content: "";
```

CHAPTER 4　CSS設計

259

```
    display: block;
    width: 40px;
    margin-top: 20px;  /*サブタイトルの有無に関わらず罫線上の余白を確保する*/
    border-top: 1px solid;
  }
  .heading-lv2__main {
    font-size: 28px;
  }
  .heading-lv2__sub {
    margin-top: 10px;  /*サブタイトルとその上の余白をセットにしておく*/
    font-size: 16px;
    font-weight: normal;
  }
```

マークアップに関してはひとまず置いておくとして、CSS設計する際に気を付けるべきポイントは、「**サブタイトルがないパターンも想定する**」という点です。

まず見出し自体の罫線装飾は、サブタイトルの有無に関わらず必須の装飾要素ですので、親Blockのheading-lv2のafter擬似要素で表現します。また、罫線からテキストの下端までの余白についても、after擬似要素のmargin-topで設定しておきます。サブタイトルのmargin-bottomで設定してしまうと、サブタイトルがなかった場合に適切な余白が維持できないからです。

メインタイトルとサブタイトルの間は10pxの余白を取りますが、下にサブタイトルがある場合、この余白は**サブタイトル側のmargin-topに付ける**ようにしておきましょう。サブタイトルとメインタイトルの間の余白はサブタイトルがなければ不要となるものですので、余白もセットにしておいたほうがわかりやすいからです。

また今回は親Block自体をdisplay: flexにしてレイアウトしていますが、**この場合flexアイテムである子要素同士はmargin相殺が効かなくなる**ため、メインタイトル側のmargin-bottomに10pxを付けてしまうと、サブタイトルがない場合に隣接する罫線のmargin-top: 20pxと足されて30pxの余白となってしまう物理的な問題も生じてしまいます。

/ Memo

親がdisplay: blockなどで子要素同士のmargin相殺が効く状態であればメインタイトルのmargin-bottomに10pxを付けても罫線のmargin-top: 30pxと相殺されて、サブタイトルがなくてもレイアウト上の問題は出ませんが、相殺が発生していること自体があまり好ましくないため、やはり避けたほうがよいでしょう（margin相殺についてはp.267を参照）。

見出しバリエーションと余白の設定

レベル2大見出しテキスト
↑10px
サブタイトル
↑20px

取り外し可能パーツとそのパーツに付属する余白
見出しに必須の装飾とそれに付属する余白

サブタイトルなしのパターン

レベル2大見出しテキスト
↑20px

▶ 見出しの上にサブタイトルが付く場合　　LESSON 18　18-04

サブタイトル
レベル2大見出しテキスト

HTML

```
<h2 class="heading-lv2">
  <span class="heading-lv2__sub">サブタイトル</span>
  <span class="heading-lv2__main">レベル2大見出しテキスト</span>
</h2>
```

CSS

```
/*Lv2*/
～省略～
.heading-lv2__sub {
  margin-bottom: 10px; /*サブタイトルとその下の余白をセットにしておく*/
  font-size: 16px;
  font-weight: normal;
}
```

サブタイトル（意味的にはタイトルではなく短いキャッチコピー的なものである場合もあります）がメインタイトルの上にある場合も、取り外しを想

定した余白設定をしておくことが重要です。

　サブタイトルが上にある場合、サブタイトルとメインタイトルの間の余白については**サブタイトル側のmargin-bottomで設定**しておきましょう。こうすればサンプル18-03と同様、サブタイトルがなくなった場合には余白もいっしょに消えるので、見出し自体のスタイルに影響を与えなくて済みます。

　また、**隣接セレクタを利用することでメインタイトル側のmargin-topで設定する**ことも可能です。

`CSS`

```css
.heading-lv2__sub + .heading-lv2__main {
  margin-top: 10px;
}
```

　このように、パーツの取り外しが可能となるように組む場合、隣接する要素との余白をどこに付けたら余白もいっしょに削除されるのか、よく検討するようにしましょう。

▶ マークアップのパターン

LESSON 18 ▸ 18-05

`HTML`

```html
<!-- ①まとめてh2とする（非推奨） -->
<h2 class="heading-lv2">
  <span class="heading-lv2__main">レベル2大見出しテキスト</span>
  <span class="heading-lv2__sub">サブタイトル</span>
</h2>

<!-- ②h2とpに分割する -->
<div class="heading-lv2">
  <h2 class="heading-lv2__main">レベル2大見出しテキスト</h2>
  <p class="heading-lv2__sub">サブタイトル</p>
</div>
```

　最後にマークアップのパターンを検討してみます。

　①のようにh2などの見出し要素の中をspan要素で分割した場合、見た目上はメインタイトルとサブタイトルを別物として扱うことができますが、文書のアウトライン上に出現する見出しテキストは「メインタイトルサブタイトル」という**連結された1つの文字列**となります。明確に2つで1つの見出しとして見せたいといった意図がある場合はこのパターンでよいでしょう。

　②は見出しブロックをdivで囲み、メインタイトルのみをh2、サブタイトルはpでマークアップする案です。こちらはサブタイトルのほうは見出し要

/Memo

②の場合、より厳密にマークアップするのであれば外枠のdivを**hgroup要素**とすることが望ましいでしょう。hgroupはHTML5でいったん廃止された要素ですが、最新のHTML Living Standardでは「見出しとその関連要素をあらわす要素」に定義変更され、コンテンツモデルの仕様も「1つの見出し要素＋その前後のp要素」で構成することになっています。

素から外れていますので文書のアウトライン上に現れるのは**h2のメインタ
イトル文言のみ**となります。メインタイトルとサブタイトルを連結して1つ
の見出しとして見せたいケースは比較的少ないと思われますので、一般的な
見出し＋サブタイトル・キャッチコピーなどはこちらのパターンのほうがよ
いと考えます。

見出しの周囲に別のパーツが付属する場合

　見出しは基本的に各セクションの冒頭に置かれるものであるため、そのセ
クションの「ヘッダー領域」に配置したい他のコンポーネントとレイアウト
的に一体化した形でデザインされることもあります。付属要素がある場合の
設計について考えてみましょう。

レベル2大見出しテキスト　　　　　　　　　　　　　　　　　一覧へ

付属パーツがあることが最初からわかっている場合　　　LESSON 18 ● 18-06

`HTML`

```html
<div class="heading-lv2">
  <h2 class="heading-lv2__title">レベル２大見出しテキスト</h2>
  <p class="heading-lv2__btn"><a href="#" class="btn btn--xsmall">一覧へ</a></p>
</div>
```

`CSS`

```css
/*Lv2*/
.heading-lv2 { /*見出し要素の親Blockに枠スタイルを指定*/
  display: flex;
  justify-content: space-between;
  align-items: center;
  gap: 20px; /*テキストとボタンの間に適切な余白を維持する*/
  margin-bottom: 40px;
  padding: 10px 0 10px 20px;
```

CHAPTER 4　CSS設計

263

```
  border-left: 4px solid #558ebd;
  border-bottom: 1px solid #ccc;
  line-height: 1.5;
}
.heading-lv2__title { /*見出し要素にはテキストスタイルのみ指定*/
  font-size: 28px;
}
.heading-lv2__btn {
  flex-shrink: 0; /*テキストが長くなった時でもサイズが変わらないようにする*/
}
```

　比較的よくあるのが見出しの右端に一覧や詳細へのリンクボタンが付くケースです。この手の見出しは、リンクボタンがあったりなかったりどちらもありえると考えたほうがよいので、見出し本体とリンクボタンは別Blockとし、取り外し可能な状態にしておく必要があります。

　まずマークアップ面での注意点は、**見出し要素の中に直接リンクボタンを入れてしまわない**ことです。デザイン的には見出し枠の中にリンクボタンが配置されて一体化しているように表現されていますが、一覧リンクのボタン自体はあきらかに「見出し」ではないからです。デザインに引きずられて見出し要素の中に入れてしまわないように注意しましょう。

　スタイル指定する時の注意点は以下の3点です。

- リンクボタンは取り外し可能であること
- 見出しテキストが長くなった場合にボタンとテキストが被らないこと
- リンクボタンがなければ端まですべてテキストが入る領域となること

　この条件を一番簡単に実現できるのは、最初から見出しとリンクボタンをflexで横並びにしておき、見出し枠のスタイル自体はflexコンテナに設定しておくことです。渡されたデザインカンプを見て最初からこのパターンがあることがわかっている場合には、付属要素があってもなくてもこのスタイルの見出しを利用する時は親要素ごと配置するようにしておけばどちらのパターンでも問題なく対応が可能です。

▶ 付属パーツがあることが後から判明した場合　　　LESSON 18 ● 18-07

`HTML`

```
<div class="heading-lv2-wrap">
    <h2 class="heading-lv2-wrap__title heading-lv2">レベル2大見出しテキスト</h2>
```

```
    <p class="heading-lv2-wrap__btn"><a href="#" class="btn btn--xsmall">一覧へ</a></p>
</div>
```

CSS

```
/*Lv2*/
.heading-lv2 { /*見出し要素に直接スタイルを指定してある*/
  display: flex;
  justify-content: space-between;
  align-items: center;
  margin-bottom: 40px;
  padding: 10px 0 10px 20px;
  border-left: 4px solid #558ebd;
  border-bottom: 1px solid #ccc;
  line-height: 1.5;
  font-size: 28px;
}
/*後から付属要素があるパターンを追加（絶対配置）*/
.heading-lv2-wrap {
  position: relative;
}
.heading-lv2-wrap__btn { /*絶対配置で右端に配置*/
  position: absolute;
  right: 0;
  top: 50%;
  transform: translateY(-50%);
}
.heading-lv2-wrap__title { /*テキストがボタンに被らないように余
白を追加*/
  padding-right: 100px;
}
```

　少々困るのが、当初は付属パーツがあるパターンがなく、単独の見出し要素として設計して、既に多くの場所で利用してしまってから、後で付属パーツ付きのパターンが判明した場合です。

　既に多くの場所で単独の見出し要素として使ってしまっているものを、後からすべてサンプル18-06のような形に直すのは影響が大きすぎるため、見出し枠のスタイルは見出し要素自身に持たせたまま、ボタン付きの見出しパターンを別途追加する必要が出てきます。

　この場合、ボタン付き見出しレイアウトを実現するためのブロックを追加し、既存の見出し要素の上にposition: absoluteでボタンを被せるようにするのが一番簡単な方法と思われます。

　ただしabsoluteで被せる場合は見出しテキストとボタンが被らないように、見出しの右側にボタン領域分の余白を確保しておく必要があります。

265

absolute で上から被せた場合の問題

上から被せたボタンの下にテキスト
が被らないように十分な余白が必要

見出しテキストが長くなった場合
見出しテキストが長くなった場合

一覧へ

absolute で上からボタンを被せるパターンは、簡単ではありますが「**ボタンのサイズと見出しのテキスト領域のサイズが連動しない**」という仕様上の弱点があります。上に被せるボタンの文字数が固定であれば、見出し側の余白サイズも固定で設定しておけばよいだけなので問題は生じませんが、ボタンの文字数が不定でサイズにバラツキが出る場合、見出しのテキストがボタンに被ってしまって読めない状態になる可能性もあります。

これを避けるためには、ボタン付き見出しレイアウト用の親ブロックを追加した場合だけ、見出し要素自身に付けてある見出し枠スタイルを打ち消して親ブロック側に移動させ、サンプル18-06と同じようにflexでレイアウトするようにしておくしかないかと思われます。

いずれにせよ、新たなパターンが追加されても既に使用している既存の見出しブロック自体には影響がないようにしておくことが重要です。

見出しに関してはこのように付属パーツを後から追加するような拡張がありがちですので、拡張性を重視するのであれば仮にデザインカンプになくても最初からサンプル18-06のように親要素を追加してそちらに見出しスタイルを適用するようにしておくというのも1つの方法かと思います。

LESSON **19**

余白の設計を考える

余白の設計はCSS設計の中でも最も難しいと言われるものの1つです。
Lesson19では、どういう点に気を付けたらよい設計になるのか、
そのポイントを解説していきます。

▶ 要素同士のmarginはtopかbottomか？

　余白の設計で最初に遭遇する問題は、要素同士の垂直方向の余白を
margin-top／margin-bottomのどちらをベースに設計するか？　という点
です。まずはこの点について考えてみましょう。

▶ marginの相殺

　まず、見た目を再現することだけを考えるならばmargin-topとmargin-
bottomのどちらでも実現可能です。しかし開発効率や保守性を考えた場合、
どちらかに統一するのが一般的です。その理由は、**「margin の相殺」**をでき
るだけ避けるためです。

marginの相殺

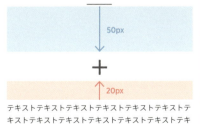
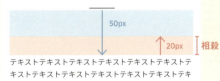

267

図のように、見出し側に margin-bottom: 50px、テキスト側に margin-top: 20px が設定されていた場合、足して 70px になるのではなく、大きいほうの値である 50px だけが適用されるのが margin の相殺です。この仕様をうまく利用して設計することも可能ではありますが、かなり難易度が高いので、一般的には**できるだけ margin の相殺が発生しないように上下どちらか片側だけに付けるようにする**のがベストプラクティスとされています。

▶ margin-top か margin-bottom か

　margin の相殺を避けるためにどちらか一方で統一するとして、どちらに統一するのがよいのでしょうか？ これは昔から意見が分かれる点ですが、「上から順番に書いていくので margin は下に付けたほうが自然」という理由から margin-bottom で統一する人のほうが若干多いような印象です。筆者も以前は margin-bottom で統一していました。

　ただ、近年は margin-top で統一するように変えています。その理由は、「要素同士の余白は新たに要素が下に追加された時に発生するものであり、その余白は追加されたほうの要素に由来するのだから margin-top で付けたほうが自然ではないか？」と考えるようになったためです。

　正直このあたりは個人の感覚によるところもありますのでどちらが正しいというものではありません。ただ、後から追加される要素の margin-top に余白を付けるルールにしておくと、不要な要素間の余白調整があまり必要にならないことが多いと感じます。

margin-topとmargin-bottomの余白設計

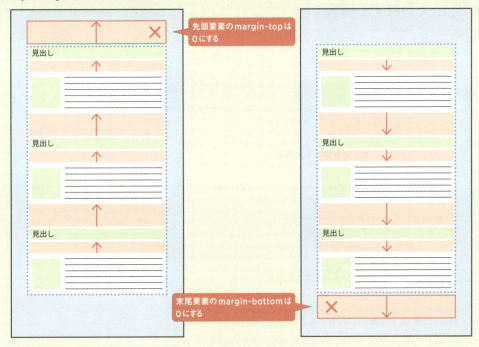

　また、margin-bottomで統一した場合、必ず一番最後の要素の下マージンを何らかの方法で処理しなければなりません。同じことはmargin-topで統一した場合でも発生しますが、末尾の要素は常に不確定であるのに対し先頭の要素はなくなることはありません。不確定要素が少ない分だけ考えることも少なくて済むため、僅かな差ではありますが、個人的にはmargin-topのほうがシンプルに作れるように思います。

▶ セクションの余白はmarginかpaddingか？

　次に検討するのはセクション間の余白をどう設計するか？　という問題です。セクションは、特定のテーマについてまとめられたコンテンツのかたまりです。したがって、デザイン上ではセクション同士の間には大きめの余白を取ってコンテンツ同士を区別するようにするのが定石です。この余白はmarginで取るのがよいのか、それともpaddingで取るのがよいのか、それぞれのケースで見てみましょう。

▶ marginで設計する場合

LESSON 19 ▶ 19-01

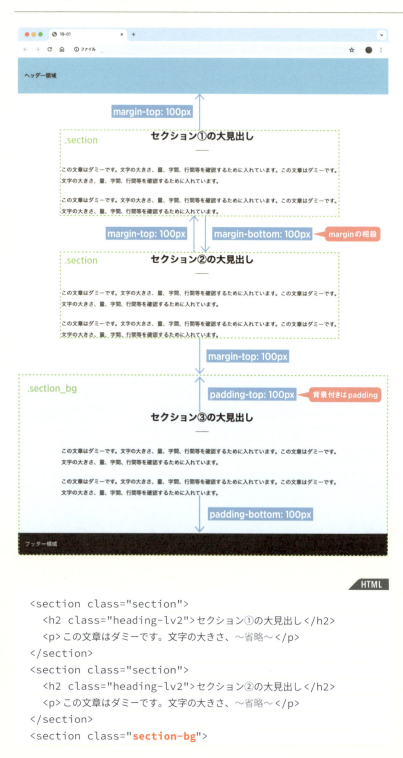

```
<section class="section">
    <h2 class="heading-lv2">セクション①の大見出し</h2>
    <p>この文章はダミーです。文字の大きさ、〜省略〜</p>
</section>
<section class="section">
    <h2 class="heading-lv2">セクション②の大見出し</h2>
    <p>この文章はダミーです。文字の大きさ、〜省略〜</p>
</section>
<section class="section-bg">
```

```
  <h2 class="heading-lv2">セクション③の大見出し</h2>
  <p>この文章はダミーです。文字の大きさ、～省略～</p>
</section>
```

CSS

```
/*★背景色なし★/
.section {
  margin-top: 100px;
  margin-bottom: 100px;
}
/*★背景色あり★/
.section-bg {
  margin-left: calc(50% - 50vw);
  margin-right: calc(50% - 50vw);
  padding-left: calc(50vw - 50%);
  padding-right: calc(50vw - 50%);
  padding-top: 100px;
  padding-bottom: 100px;
  background-color: #edf3fa;
}
```

　セクション①と②のようにデザイン的に大見出しの上に大きく余白を取る形でセクション間の余白を確保するようなケースでは、marginで余白を取っても特に問題はなさそうです。各セクションとも上下に100pxずつの余白を付けたとしても、margin同士であれば隣接した場合には相殺されて100pxだけ設定されるので、余白の片側処理問題も考える必要がありません。

　margin相殺は不用意に発生してしまうことは避けるべきですが、このケースのように意図的に相殺を利用して設計することはその限りではありません。ただ、③のように背景色を伴うセクションの場合は、どうしてもpaddingで上下の余白を確保する必要があるため、同じレベルのセクションで余白サイズも同一であるにも関わらず、**背景付きのセクションと背景なしのセクションで別ブロックにしなければならない**のが難点です。

paddingで設計する場合

LESSON 19　19-02

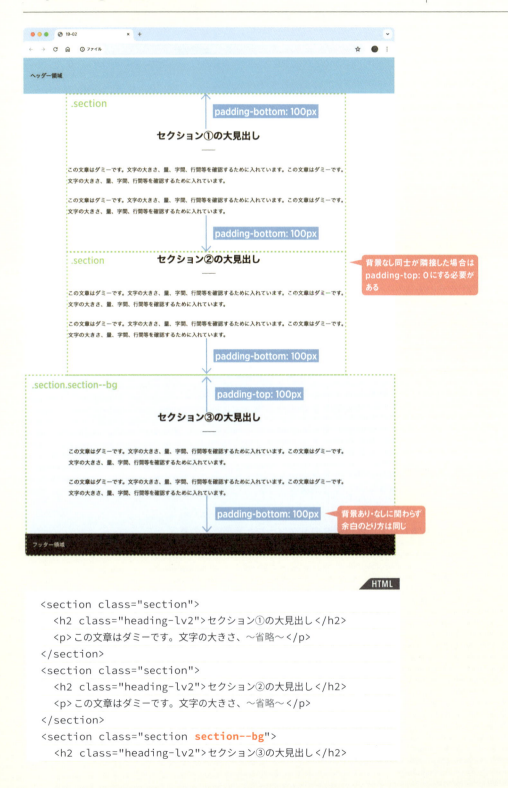

```html
<section class="section">
  <h2 class="heading-lv2">セクション①の大見出し</h2>
  <p>この文章はダミーです。文字の大きさ、〜省略〜</p>
</section>
<section class="section">
  <h2 class="heading-lv2">セクション②の大見出し</h2>
  <p>この文章はダミーです。文字の大きさ、〜省略〜</p>
</section>
<section class="section section--bg">
  <h2 class="heading-lv2">セクション③の大見出し</h2>
```

```
<p>この文章はダミーです。文字の大きさ、〜省略〜</p>
</section>
```

CSS

```css
/*セクション間隔（共通）*/
.section {
  padding-top: 100px;
  padding-bottom: 100px;
}
/*背景なしのセクションが隣接した場合の調整*/
.section:not(.section--bg) + .section:not(.section--bg)
{
  padding-top: 0;
}
/*背景色付き*/
.section--bg {
  margin-left: calc(50% - 50vw);
  margin-right: calc(50% - 50vw);
  padding-left: calc(50vw - 50%);
  padding-right: calc(50vw - 50%);
  background-color: #edf3fa;
}
```

こちらは同じデザインのセクション余白をpaddingで設計したケースです。背景色の有無に関わらず同じレベルのセクションは同じBlockで上下padding を設定し、背景色については別途Modifierで色を指定しています。色が付く付かないに関わらず、同じレベルのセクションに同じ余白が設定されているのですから、意味合い的にも同一コンポーネントとして設計したほうが自然です。上下余白をpaddingで指定することで、同一コンポーネントとして運用することが可能となりますので、その点がpaddingで余白を取ることのメリットです。

ただし、marginと違ってpaddingは上下の相殺が効かないので、背景色なしのセクションが連続する場合には余白量が2倍になってしまいます。この点に関しては**隣接セレクタを活用して、背景色なしのセクションコンポーネントが連続した場合だけpadding-topを0にする**指定を入れておくことで解決できます。

近年のデザイントレンドとしてはセクションごとに交互、あるいは任意の複数のセクションに対して背景色を付けることが一般的になっています。セクション間の余白に関しては、margin／paddingともにそれぞれメリットとデメリットがありますが、背景色が付くことが例外ではないことを考慮すると、セクション余白に関してはpaddingで指定するほうに軍配が上がると言ってよいでしょう。

/ Memo

背景なしセクションの連続が例外的にまれにしか発生しないのであれば、そこだけユーティリティclassで打ち消しをすることもできますが、機械的に処理できるものはできるだけ自動設定されるようにしておいたほうが効率的です。

CHAPTER 4　CSS設計

▶ セクション内の先頭・末尾の要素の余白調整

　各セクションごとに上下にpaddingで余白が設定されることを前提とする場合、セクション内コンテンツの先頭要素と末尾要素に付いているmarginが相殺されずに邪魔になることが想定されます。不要となるmarginだけユーティリティclassで打ち消すこともできますが、それではコンポーネントの流用性に支障が出てあまり好ましくないので、以下のような形で自動的に打ち消されるようにしておきましょう。

▶ セクション内の最後の要素のmargin-bottomを0に　　LESSON 19　● 19-03

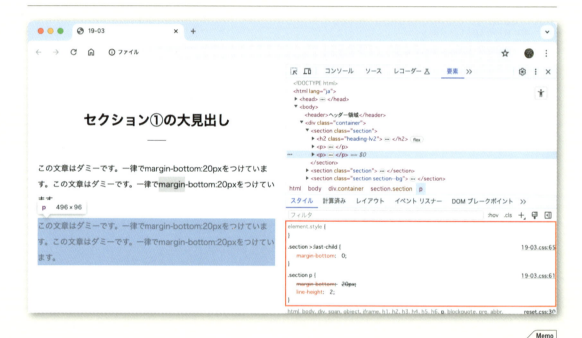

CSS

```
.section >:last-child {
  margin-bottom: 0;
}
```

Memo

対象を子セレクタで絞っておかないと、孫要素以下の:last-childにも影響が出てしまうので注意してください。また、要素間のmarginをmargin-topとしている場合はセクション末尾のmargin処理は不要です。

コンテンツに対してmargin-bottomで統一して余白を付けている場合、セクション内の末尾の要素のmargin-bottomは必ず0としなければなりません。「末尾の要素」は:last-child、「セクション直下の子要素」は子セレクタ（>）で指定できるので、上記のように指定しておくことでどんなものが来たとしても自動的に末尾の要素のmargin-bottomを0にしておくことができます。

セクション内の最初の要素のmargin-topを0に　　LESSON 19　19-04

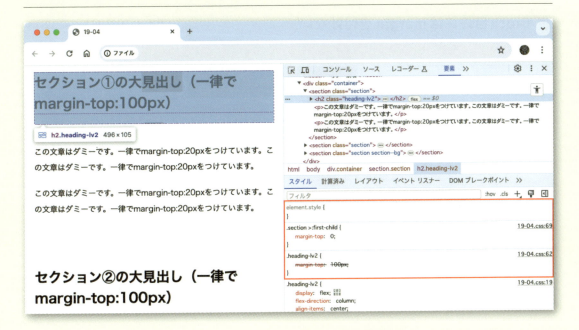

```css
.section >:first-child {
  margin-top: 0;
}
```

　同様に、セクション内の最初の要素のmargin-topも不要なはずですので、こちらは:first-childでmargin-topを0にしておくこともできます。ただし、margin-bottomで統一している場合には先頭の要素に上マージンが付くことはありませんので、こちらはmargin-topで統一しており、かつセクション先頭に配置された要素に万が一margin-topが付いていた場合に、それを無効化するための措置となります。

Memo

複雑なレイアウトの場合、セクションの先頭に来る要素に敢えてmargin（ネガティブマージン含む）を取る必要が出てくることも考えられるので、先頭要素のmargin-topに関しては敢えて処理せず、必要な場合にのみユーティリティで打ち消しを入れる方法も考えられます。

余白はどこに付けるべきか?

　最後に最も重要で難しいのが、余白を付ける場所のルールです。見た目を再現するだけならどこに付けようが自由である分、自ら考えて意図的にルール化しない限り保守しやすい設計にすることはできません。ここではBEMベースのCSS設計をしている場合に余白の付け方をどう考えたらよいかについて見ていきましょう。

▶ Block自体にはmarginを付けない　　　　LESSON 19 ▶ 19-05

| 書き直す | 確認する |

　このようなボタンが2つ隣り合わせに並んでいるレイアウトを実現したい場合、どのようにボタン同士の余白を設定したらよいでしょうか?

サンプル19-05（NG例）

`HTML`

```html
<input type="reset" value="書き直す" class="btn btn--reverse">
<input type="submit" value="確認する" class="btn">
```

`CSS`

```css
.btn {
  display: inline-block;
  width: 100%;
  max-width: 320px;
  margin: 0 20px; /*ボタン本体に直接margin*/
  〜省略〜
}
```

　上のコードはボタンのBlockに直接左右のmarginを20pxずつ設定してしまっていますが、これはよい例ではありません。2つ並びのボタンが中央配置ならよいのですが、左寄せ・右寄せの場合、ボタンの端が親Blockの端と揃わなくなってしまいます。マークアップ面でも単にbutton要素を2つ並べるだけでは、スマホ表示で縦積みする時にどうすればよいのか頭を悩ませてしまいますし、そもそも縦積みの場合は必要なmarginは左右ではなく上下です。
　このように、汎用的に使い回すコンポーネントのBlock自体に余白を付け

てレイアウトしようとすると様々な問題が生じてしまいます。

サンプル19-05（OK例）

HTML

```html
<div class="btns">
  <input type="clear" value="書き直す" class="btns__item btn btn--reverse">
  <input type="submit" value="確認する" class="btns__item btn btn--large">
</div>
```

CSS

```css
/*ボタンレイアウト用*/
.btns {
  display: flex;
  flex-direction: column; /*SPでは縦並び*/
  gap: 20px; /*ボタン間余白*/
}
@media (min-width: 768px) {
  .btns {
    flex-direction: row; /*PCでは横並び*/
    gap: 40px; /*ボタン間余白*/
  }
}

/*ボタン本体*/
.btn {
  display: inline-block;
  width: 100%;
  max-width: 320px;
  /*margin: 0 20px; ボタンに直接marginは付けない*/
}
```

　この問題の解決策は、**2つのボタンを内包する親Blockを追加して、レイアウトは親要素に指定、ボタン同士の余白も親要素のElementとして指定する**ことです。

　Blockは他で使い回すことを前提とした、独立したコンポーネントである必要があります。余白は使いたい場所によって必要なサイズが異なることが多いため、様々な場所で使うことを前提とする**Blockにはmarginは付けない**のが鉄則です。

Blockの余白は常に親のBlockから指定する

LESSON 19　19-06

先ほどの横並びのボタンを使って、上のようなフォーム画面を作ろうとした場合、横並びボタンBlockとフォームとの間の余白はどのように付けたらよいでしょうか？

サンプル19-06（NG例）

HTML

```html
<form action="#" method="POST">
  //フォーム部分のソースは省略
  <div class="btns btns--center">
    <input type="reset" value="書き直す" class="btns__item btn btn--reverse">
    <input type="submit" value="確認する" class="btns__item btn btn--large">
  </div>
</form>
```

CSS

```css
.btns {
  display: flex;
  flex-direction: column;
  gap: 20px;
  margin-top: 60px; /*直接marginを付けるのは原則NG*/
}
～省略～
```

こちらは横並びボタンブロックを作るための.btnsに直接margin-top: 60pxを指定していますが、これはNGです。横並びボタンBlockの上の余白が常に60pxと決まっているわけではないからです。先ほど「Blockの外側へのmarginは付けない」と言いましたが、最小単位の汎用コンポーネントだけでなく、それらをラップしたレイアウトBlockであっても、それ自体が様々な場所で流用されるBlockですから、やはり同じようにBlock自体にmarginは付けないのが原則です。

サンプル19-06（OK例）

`HTML`

```html
<form action="#" method="POST">
  <div class="form-layout">
    //フォーム部分のソースは省略
    <div class="form-layout__footer">
      <div class="btns btns--center">
        <input type="reset" value="書き直す" class="btns__item btn btn--reverse">
        <input type="submit" value="確認する" class="btns__item btn btn--large">
      </div>
    </div>
  </div>
</form>
```

`CSS`

```css
.form-layout__footer {
  margin-top: 60px; /*親BlockのElementにmarginを付ける*/
}

.btns {
  display: flex;
  flex-direction: column;
  gap: 20px;
  /*margin-top: 60px; Blockには原則marginを付けない*/
}
～省略～
```

この場合はサンプル19-05と同様、フォームとフォームの送信ボタンを内包するレイアウト用のBlockを追加し、そのElementとして横並びボタンに対しmargin-topを設定するようにしましょう。

つまり、**marginは常に親BlockのElementに対して設定します**。こうすることで、汎用的なBlock自体はどこでもそのまま流用できる状態を保つことができます。

このように、Block自体の独立性・流用性を担保しながら様々なレイアウトを実装するためには、必要に応じて余白や位置調整のためのレイアウト目的のBlockを用意して、BlockをBlockで囲むようにしながら構築していくのがベストプラクティスであると言えます。

しかし、このような作り方を杓子定規に適用していると、divの入れ子が際限なく深くなってしまいます。BEMではBlockを他のBlockのElementにする「Mix」の手法が許可されていますので、入れ子が深くなりすぎることが懸念される場合にはMixの手法も活用するようにしましょう。

そうすることで最小限の入れ子構造で親Blockから子Blockのmarginやレイアウトを制御できるようになります。

> **Memo**
>
> そのBlockが外部ファイルになっていて完全にすべての箇所でまったく同じコードを流用しなければならない場合など、同一コードの流用が必要なコンポーネント設計の場合は、Mixではなく新規divで囲むようにしましょう。

MixによるBlockの入れ子構造

Mixでない

```
Block A
  Block A__Element
    Block B
```

```
<div class=" blockA" >
  <div class=" blockA__
element" >
    <div class=" blockB" >…</
div>
  </div>
</div>
```

Mix

```
Block A
  Block B Block A__Element
    同じ要素をBlockであり、かつ親Block
    のElementでもあると定義する
```

```
<div class=" blockA" >
  <div class=" blockB  blockA__
element" >
    …
  </div>
</div>
```

▶ 最上位に配置されるBlockのmarginをどうするか?

BlockをBlockで囲んでページを構築していくと、最終的にそれ以上親要素でまとめられない(まとめづらい)単位のBlockに行き着きます。具体的には、各セクションの直下に配置されるレベルのBlockがそれに該当します。各セクションの直下に配置されるBlock同士の間隔についてどのようなやり方があるのか見ていきましょう。

サンプルの余白設定

①親セクションのElementとする

LESSON 19 ▶ 19-07

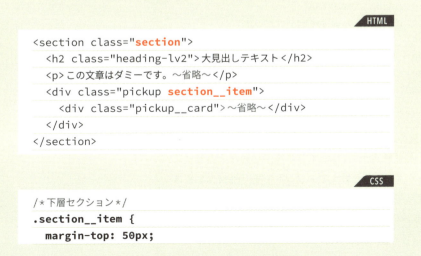

        }

　まず1つ目の方法は、これまで解説してきた「**親BlockのElementにmarg in を付ける**」という原則をセクション直下の大きなBlockに対しても厳密に適用する方法です。

　この方法は他のBlockと共通したルールで運用できるため、迷いが少なく、1つ1つの余白自体をデザインに合わせて高度にカスタマイズできるメリットがあります。しかし、セクション直下のBlock同士の余白パターンが多数ある場合はBlock名／Element名を変えるか、modifierを付けるかするなど、やや設計に手間がかかるのが難点です。

▶ ②ユーティリティclassで余白を付ける

LESSON 19 ▬ 19-08

HTML

```
<section class="section">
  <h2 class="heading-lv2">大見出しテキスト</h2>
  <p>この文章はダミーです。〜省略〜</p>
  <div class="pickup u-mt50">
    <div class="pickup__card">〜省略〜</div>
  </div>
</section>
```

CSS

```
.u-mt0 {margin-top: 0 !important;}
.u-mt10 {margin-top: 10px !important;}
.u-mt20 {margin-top: 20px !important;}
.u-mt30 {margin-top: 30px !important;}
.u-mt40 {margin-top: 40px !important;}
.u-mt50 {margin-top: 50px !important;}
.u-mt60 {margin-top: 60px !important;}
.u-mt70 {margin-top: 70px !important;}
.u-mt80 {margin-top: 80px !important;}
.u-mt90 {margin-top: 90px !important;}
.u-mt100 {margin-top: 100px !important;}
```

　2つ目の方法は、**余白専用のユーティリティclassで設定する**方法です。

　あらかじめ用意しておいた余白専用のclassでその都度必要な余白サイズを付ければよいので、わかりやすいのが最大のメリットです。BEMは本来ユーティリティの利用は想定していませんが、コンテキストから余白サイズが決定できず任意にBlock同士のmarginを決めたい場面ではやはりこの方法

が便利なのは確かです。

　ただし、レスポンシブのデザインではPCレイアウトとSPレイアウトで余
白サイズが異なるケースというのはよくあること（むしろそのほうが多い）
ですので、様々なパターンに対応できるよう、ユーティリティclassをあらか
じめかなり充実させておく必要があります。

　なおこの手法はコーディング優先で機械的に余白を付けてよい案件には向
いていますが、ピクセルパーフェクトのようにデザインカンプを正確に再現
することが求められる案件にはあまり向いていないと思われますので、導入
を検討する際にはその点も考慮するとよいでしょう。

▶ ③margin専用のdivで囲む

LESSON 19 ▶ 19-09

`HTML`

```html
<section class="section">
  <h2 class="heading-lv2">大見出しテキスト</h2>
  <p>この文章はダミーです。〜省略〜</p>
  <div class="u-mt50"><!-- 余白専用div -->
    <div class="pickup">
      <div class="pickup__card">〜省略〜</div>
    </div>
  </div>
</section>
```

　親セクションのElementとしてのclassを付ける方法でも、ユーティリ
ティclassを付ける方法でも、基本的には子Block自身にマルチクラスで余白用
のclassを付けることになります。同じコンポーネントであっても場所によ
って付与する余白のサイズが異なれば、当然余白用のclassも異なるものが
付与されるので、コードベースでは完全に同一のBlockではなくなります。

　コンテンツとレイアウトを分離し、Blockの独立性・流用性を最大限確保
することを重視するのであれば、子Blockに直接余白コントロール用のclass
を付与するのではなく、**必ずmargin専用のdivを追加してそちらに余白を
指定することを徹底する**手法もあります。

　このようにするとdivの入れ子が深くなるため、HTMLは複雑になります
が、Block自身の独立性を最大限維持することが可能です。ただしそのこと
で得られる実務上のメリットは、「Blockのコードをそっくりそのまま別のと
ころで流用できる」という点にありますので、案件の特性によってはその恩
恵をほとんど得られないこともあります。

CHAPTER 4　CSS設計

283

④ Block自身にmarignを付ける

LESSON 19 ● 19-10

```html
<section class="section">
  <h2 class="heading-lv2">大見出しテキスト</h2>
  <p>この文章はダミーです。～省略～</p>
  <div class="pickup">
    <div class="pickup__card">～省略～</div>
  </div>
</section>
```

```css
/*Pickup*/
.pickup {
  margin-top: 50px;
}
```

　最後は、**最も大きな粒度のコンポーネントに限ってBlock自身に固有の marginを付ける**という方法です。これまで解説してきたmarginルールに反するやり方ではありますが、大きな粒度のBlockを他で流用することがほぼないことがわかっている場合には最も手軽なやり方となります。

　各ページ各セクションがほぼ固有の独自Blockで構成されており、ページをまたいで流用されるBlockがあっても基本的にすべて同じレイアウトで同じ場所に配置される（コンテンツとレイアウトが常に一体化している）ことがあらかじめわかっている場合、Block自身にmarginを付けることで問題が生じることは実はほとんどありません。

- LPなどのペライチで構成されている場合
- ほぼすべてがページ固有のコンテンツであり、かつコンテンツごとに固有のレイアウト・余白を持たせる前提で作られている場合

　このような事案であれば少なくともセクション直下に配置されるBlockに関してはBlockに直接marginを付けても許容範囲であると思われます。

> **Memo**
>
> Blockに直接marginを付けることを推奨しないことに変わりはありません。ケースバイケースで例外を認めていると特に複数人で運用するような案件では人によって判断のブレが生じて結果的に破綻が早まることになるので、少なくとも1つの案件の中ではmarginルールは統一するようにしましょう。

デザインと余白

　デザイナーからデザインカンプをもらってコーディングするという実装の仕事をしていると、デザイナーによって「余白」に対する意識は本当に千差万別だということを強く感じます。余白も1つのデザインパーツのように捉え、並列コンテンツ同士の余白サイズを一定の数パターンにキッチリ統一しているような人もいれば、ありとあらゆる場所の余白が全部違うといった具合に、そもそも「余白をデザインする」という意識自体がないのではないか？　というような人もいます。

　カンプを元にコーディングする場合、基本的にはそのカンプを再現することが求められますが、余白に関してあまりにも統一性がない場合、流用性・保守性を担保した形でコーディングすることが困難となってしまいます。

　余白に限らず数値のバラツキに規則性が見られない場合は、一度デザイナーと協議をして、原則として規則性のある数値に統一してからCSS設計することを強く推奨します。

EXERCISE 04

CSS設計にチャレンジしてみよう

Chapter4のまとめとして、サンプルサイト用のコンポーネント一覧の設計に
挑戦してみましょう。

| 完成パーツ一覧 |

ボタン

【種類】
① 塗ボタン（標準）　③ 透過ボタン（白文字＋白枠）
② 枠線ボタン　　　　④ Action系ボタン（送信など）
　　　　　　　　　　⑤ Disabledボタン（送信不可）

【サイズ展開】
大／中／小

【ボタン用レイアウト】
センター配置（2アイテム）／センター配置（1アイテム）
※兼用でも可

インラインスタイル

リンク／強調／警告

この文章はダミーです。文字の大きさ、量、字間、行間等を確
この文章はダミーです。文字の大きさ、量、字間、行間等を確
この文章はダミーです。文字の大きさ、量、字間、行間等を確
この文章はダミーです。文字の大きさ、量、字間、行間等を確

リスト

ノーマル／矢印リンク／数字

- この文章はダ　＞ この文章はダ　1. この文章はダ
  等を確認する　　等を確認する　　等を確認する

- この文章はダ　＞ Hover時：こ　2. この文章はダ
  等を確認する　　間、行間等を　　等を確認する

テキスト

本文／注釈

この文章はダミーです。文字の大きさ、量、字間、行間等を確認するために入れています。この文章はダミーです。文字の大きさ、量、字間、行間等を確認するために入れています。この文章はダミーです。文字の大きさ、量、字間、行

※ この文章はダミーです。文字の大きさ、量、字間、行間等を確認するために入れています。この文章はダミーです。

囲み枠

通常／警告

ページタイトル

大／中／小

大見出し

英語／日本語

SERVICE

SERVICE
日本語サブタイトル

SERVICE
日本語サブタイトル

見出しテキストが入ります

サブタイトルが入ります
見出しテキストが入ります

サブタイトルが入ります
見出しテキストが入ります

中見出し

左寄せ／中央寄せ／白抜き

見出しテキストが入ります

見出しテキストが入ります

見出しテキストが入ります

小見出し

標準左寄せ／白抜き

見出しテキストが入ります見出しテキストが入ります
見出しテキストが入ります見出しテキストが入ります見出しテキストが入ります

見出しテキストが入ります見出しテキストが入ります
見出しテキストが入ります見出しテキストが入ります見出しテキストが入ります

アイテム一覧

- PC-4カラム／SP-2カラム
- PC-3カラム／SP-1カラム
- PC-2カラム／SP-1カラム

カード一覧

- PC-3カラム／SP-1カラム

▶ 作業手順　　　　　　　　　　　　　　　　　　　　　　　　　　　　Procedure

❶ デザインカンプ（XD・Figma）で各パーツごとのバリエーションや数値などを確認する
❷ 保守性・流用性を考慮して各パーツのCSSを設計する。
❸ 設計した各パーツをコンポーネントリストとして1ページにまとめてコーディングする
❹ 各種ブラウザ環境で表示に問題がないか確認する
❺ 完成コード例を確認する

▶ 作業フォルダの構成　　　　　　　　　　　　　　　　　　　　　　　　Folder

```
/EXERCISE04/
    ├ /1_design/
    ├ /2_working/
    │     ├ compornent.html ………………… ★作業対象
    │     ├ /img/
    │     └ /css/
    │           └ common.css ………………… ★作業対象
    └ /3_completed/
```

作業上の注意

- この練習問題ではコンポーネント一覧を作成するためのベースフォーマットのみ用意しています。
- コンポーネント名（セレクタ）やHTML構造などは各自が最適と思うものを実装してください。ただし、**原則としてBEMベースでの設計**とします。

- Chapter1～3までのEXERCISEで作成したコードを参考にしても、すべて破棄して自分なりに一から考えて設計してもどちらでもかまいません。
- Chapter1～3までのEXERCISEを参考にする場合、Chapter4のコンポーネント一覧カンプと比較して異なる部分があった場合、Chapter4の数値を正として実装して下さい。

CHAPTER

5

マークアップ

Markup

HTML・マークアップは表面には見えませんが「あらゆる人に情報を正しく伝える」というWebの本質的な価値の提供を担っています。ユーザーの目に触れるCSSと違い、裏側のHTMLは軽視されがちですが、Webサイトの品質を担保する非常に重要な役割があります。Chapter5では、今一度HTMLとマークアップの意義・役割について、主にアクセシビリティの面から学んでいきたいと思います。

LESSON 20

マークアップの役割

Webサイトの本質的な目的はあらゆる人・デバイスに対する情報発信ですが、これを担っているのが
HTMLです。Lesson20では、「情報を正しく伝える」というWebの本質的な価値の提供を担う
HTMLとそのマークアップについて、今一度その意義を考えていきたいと思います。

▶ SEOとマークアップ

　正しくマークアップすることの目的として「SEO対策」を挙げる人がいま
すが、マークアップそのものがSEOに対して何らかの目に見える効果を発揮
したのは遠い昔の話です。Tableレイアウトが主流で、正しくHTMLを書いて
いる人がほとんどいなかった時代ならともかく、現代のWeb制作では少な
くとも見出しタグで情報の骨格を示したり、画像にaltを付けて補足情報を
記載することくらいは誰でもやっています。それ以上のセマンティクスはい
くら厳密に整えたところで直接的に検索エンジンの評価に何か影響を与える
ことはありませんし、まして「SEO対策」と称して本来の情報構造に反する
形でHTMLを改変することは無意味どころか害悪にもなり得ます。
　SEO対策としてマークアップでできることは今や「**普通のHTML**」を書く
ことだけです。正しい文法で、伝えたい情報構造をそのままHTMLでマーク
アップするだけでよいのです。我々Web制作者がマークアップにおいて意
識するべきことはSEOではなく、別のところにあります。

▶ アクセシビリティとマークアップ

　アクセシビリティとは、「**情報へのアクセスのしやすさ**」のことです。どん
なに価値の高い情報があっても、その情報にアクセスできなければ存在しな
いも同然ですので、できるだけ多くの人に正しく伝わるように配慮する必要
があります。Webに情報を載せることは、他のメディア（特に紙媒体）と比
較してそれだけで圧倒的にアクセシブルですが、正しくマークアップするこ

とで、さらにアクセシビリティを高めることができます。

セマンティック

アクセシビリティを高めたければ、まずはHTMLを正しく書きましょう。文法的に正しいのはもちろんのこと、「**セマンティック**」を意識することが重要です。「セマンティック」とは「データの意味付け」のことです。人は文書に書かれた内容を読めば、自分で情報を整理して内容を理解できます。しかしコンピュータにとっては私たちが読んでいるような自然言語をそのまま解釈することは非常に難しいので、コンピュータに対して素早く適切に情報構造を伝えるために、用意されたHTMLタグを使って目印を付け、「これが見出し、ここはリスト情報、ここはナビゲーション……」といったことを伝える必要があるのです。これがマークアップです。普段何気なくHTMLを書いていると思いますが、それは人間のためではなく、コンピュータに情報を伝えるために書いているのです。

セマンティックなマークアップの必要性

コンピュータにわかるように正しく意味付けされたHTMLを書くことがマークアップするということの意義だと述べましたが、伝えられた情報は、コンピュータを介してまた人に伝達されます。

典型的な例はスクリーンリーダーでしょう。目の不自由な方がWebを閲覧する時、頼りにするのはスクリーンリーダーが読み上げる音声です。そしてスクリーンリーダーはHTMLから得てブラウザが解釈した情報をもとにそこが見出しなのか、リンクなのか、リスト項目なのか、表組みなのかという情報を付加しながらWeb閲覧を補助してくれます。

VoiceOver、NDVA、PC-Talkerといった多くのスクリーンリーダーには、見出しやリンク、文書構造などを一覧化して各項目にジャンプできるショートカット機能を備えています。こうした機能はHTMLが正しくマークアップされていなければ正常に機能しません。逆に見出しや段落、リスト、表組み、リンクなどの基本的なHTMLタグを適切に使ってページ全体の情報構造を意味付けできていれば、最低限のアクセシビリティは確保されます。

アクセシビリティというと何かと面倒くさい、難しそう、と敬遠されがちかもしれませんが、まずは第一歩として、「HTMLをちゃんと書く」ことから始めればよいのです。そのために、少しだけセマンティックを意識したマークアップについて学んでおきましょう。

文書全体の基本マークアップ構造

セマンティックなマークアップを意識する場合、まずは文書全体の情報構造の骨格をしっかり明示しておくことから始めましょう。

title

Webページのコンテンツ部分のマークアップに入る前に、SEO的にもアクセシビリティ的にも非常に重要な役割を持つ「title要素」の中身をしっかり検討するようにしておきましょう。title要素はその文書のコンテンツの中身をきちんと識別できるものでなければなりません。スクリーンリーダーはページを開いたり遷移したりするたびにまずそのページのtitle要素を読み上げますし、検索結果一覧にもtitle要素が表示されることになりますので、ユーザーがそのページを閲覧する／しないの判断材料にもなります。

したがって、title属性は「そのページのコンテンツ内容と一致している」ことが最重要で、かつ「ページ固有のタイトル | サイト名」のように、固有のタイトル文言がtitle要素の中で先頭に来るように記述しておくことが求められます。また文字数はSEO的な観点からは30〜35字前後が望ましいとされています。

> **Memo**
>
> Googleは数年前からtitle要素の中身がそのページのコンテンツを正確に表していないと判断した時、独自のアルゴリズムで設定されているtitle要素とは違うタイトルを検索結果に表示するようになっています。その際、title要素の代わりにh1要素の文言を表示するケースがあるようです。

title要素の良い例・悪い例

`HTML`

```html
<!-- NG例① 定義されていない -->
<title>無題ドキュメント</title>


<!-- NG例② そのページのタイトルが後ろの方に記載されている -->
<title>株式会社○○○○○○○○ | カテゴリ名 | ページタイトル名</title>


<!-- OK例 そのページのタイトルが先頭に記載されており、適度な長さである -->
<title>ページタイトル名 | カテゴリ名 | 株式会社○○○○○○○○</title>
```

見出しレベルと文書のアウトライン

コンテンツ部分のセマンティックなマークアップにおいて、最低限しっかり意識する必要があるのは、**文書の見出しレベルを正しく保つこと**です。ご存知の通りHTMLにはh1～h6までの6段階の見出しレベルが用意されているので、h1から順番に、情報の階層構造を意識しながら階層レベルに応じてh2、h3、h4……と見出し要素をマークアップしていきます。

各種ブラウザは見出しのレベルを頼りにして文書のアウトラインを構築します。アウトラインとは、その文書の骨格のようなものであり、機械的に内容を整理・解釈する上で重要な情報構造、屋台骨にあたります。アクセシビリティの面においても、見出しを適切に設定していると、スクリーンリーダーの見出しジャンプ機能を使って素早く必要な情報にアクセスできるようになります。

見出し要素はHTMLの中でも基本中の基本ですが、マークアップにおいてはあらゆる方面でHTMLの品質を担保する最重要項目です。自分のマークアップによってどのようなアウトラインが構築されているのかは、HTML5 Outliner や W3C の Markup Validation Service などのツールで確認できますので、制作工程の早い段階で少なくとも一度はアウトラインがどうなっているのか確認するようにしましょう。

参考

- HTML5 Outliner （https://gsnedders.html5.org/outliner/）
- W3C Markup Validation Service （https://validator.w3.org/）

アウトライン・アルゴリズム

「HTML5」を学んだ人であれば後述するセクション要素の入れ子で文書のアウトラインを表現する「アウトライン・アルゴリズム」について学んだ人も多いと思われます。時期によっては「セクション要素を正しく入れ子にすればその中の見出し要素のレベルは問わない」と学んだ人もいるでしょう。

しかし、セクション要素の入れ子によって文書のアウトラインを判定するアウトライン・アルゴリズムは結局ブラウザに実装されることはなく、2022年7月、正式に仕様上廃止されました。

したがって、現在HTML仕様において文書のアウトラインは見出しレベルによってのみ判定される仕組みとなっています。セクション要素はあくまでそのセクションの意味づけを行うための要素となっているので注意しましょう。

見出しレベルが構築する文書のアウトライン

【HTML ※骨格のみ】

```
<header>
  <h1>Grass Field</h1>
  <nav>グローバルナビ</nav>
</header>
<main>
  <section>
    <h2>Service</h2>
    <section><h3>サービス名1</h3></section>
    <section><h3>サービス名2</h3></section>
    <section><h3>サービス名3</h3></section>
    <section><h3>サービス名4</h3></section>
  </section>
</main>
<footer><small>Copyright</small></footer>
```

【出力される見出しレベルのアウトライン】

Heading-level outline

`<h1>` Grass Field
`<h2>` Service
`<h3>` サービス名1
`<h3>` サービス名2
`<h3>` サービス名3
`<h3>` サービス名4

➡ セクションと文書の全体構造

　次に意識したいのが文書全体のセクションと全体構造です。これを意味付けするのはsection・article・nav・asideの4つのセクション要素と、header・footer・mainの3つの構造化要素です。

　これらもHTML5のマークアップを学んだ方であれば基本中の基本として日常的に使用しているものであると思いますが、見出し要素と共により明確に文書全体の構造と各エリアの役割をコンピュータに伝えるものとして、今一度その役割を見直しておきましょう。

● header・footer・main

　Webページは文書の純粋なコンテンツ部分と、サイト全体の共通情報を格納するヘッダー領域・フッター領域に大きく分かれています。ほぼ定型フォーマットとも言えるこの大きな役割の違いについては、特別な事情がなければコンテンツ部分をmain要素、ヘッダー領域をheader要素、フッター領域をfooter要素としてマークアップしておけばよいでしょう。

　なお、main要素は多くのスクリーンリーダーで本文先頭に移動する際の目印の1つとして利用されます。特別にスキップリンク機能などを用意しなくても適切にmain要素の範囲を設定しておけば支援技術を必要とするユーザーに対しても素早くコンテンツ本文へアクセスする手段を提供できます。

Word

スキップリンク

Webページの先頭からメインコンテンツの開始位置までジャンプできるページ内リンクのことで、通常は各Webページの先頭に配置されるスクリーンリーダーやキーボード操作のユーザー向けの機能。

よくあるレイアウトパターン例

● section・article・aside・nav

　見出しがあればブラウザ側は文書のアウトラインを構築できますが、セクション要素を使うことで見出しとそれに伴うコンテンツのかたまりである「セクション」に対して、より詳しい役割の違いを明示できます。セクション要素の使用は必須ではありませんが、可能な限り見出しとともにセクション要素を使ってそのセクションの範囲と役割を明確化することが推奨されています。また、特にnav要素については、多くのスクリーンリーダーに対して「ナビゲーションである」という情報を明示してユーザーに伝えることができるため、グローバルナビなどの主要なナビゲーションエリアについてはnav要素を使うことを推奨します。

セクション構造パターン例

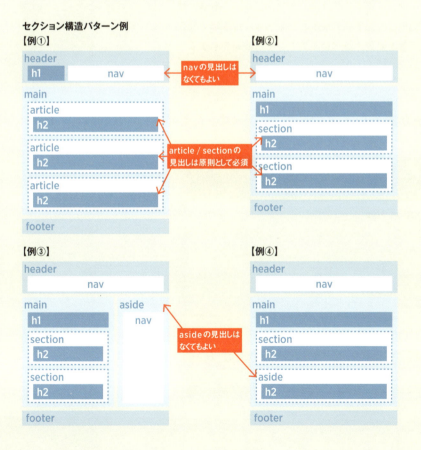

LESSON 21

アクセシビリティに配慮したマークアップ

HTMLで用意されている要素をその役割に応じて適切に使い分けるだけでも最低限のアクセシビリティは確保されます。Lesson21では特別な技術を使うことなく、HTMLの書き方だけでアクセシビリティを高める方法について解説していきます。

▶ 読み上げ順に配慮する

　CSSでは比較的自由に表示順を入れ替えられますが、スクリーンリーダーはマークアップされたものを**上から順番（DOMの出現順通り）に読み上げていきます**。したがって、マークアップする時はあくまで「どういう順番で読み上げてもらいたいか」を重視して記述順を決定しましょう。以下に、見た目の順番とマークアップの順番を変更するべき事例をいくつか紹介します。

▶ 左側にサイドバーがあるレイアウト　　　　　　LESSON 21　▶　21-01

HTML

```
<header class="header">ヘッダー領域</header>
<div class="contents">
  <main class="main">メインコンテンツ領域</main>  //先に記述
  <aside class="sidebar">サイドバー領域</aside>
</div>
<footer class="footer">フッター領域</footer>
```

CSS

```
@media (min-width: 768px) {
  .contents {
    display: flex;
    flex-direction: row-reverse;  /*左右入れ替え*/
    justify-content: space-between;
  }
~省略~
}
```

　左側にサイドバー、右側にメインコンテンツが並ぶようなレイアウトの場合、マークアップでは**メインコンテンツを先に記述します**。上から順に読み上げた際、できるだけ早くメインコンテンツの情報にアクセスできることが望ましいからです。2カラムで表示した際にどちらを左に置くか、ということはCSSで調整できるので、あくまで**読み上げ順を基準にマークアップする**ようにしましょう。

▶ 商品画像サムネイルのあるカード　　　　　　　　　　LESSON 21　21-02

HTML

```
<article class="pd-card">
  <h2 class="pd-card__title">肉球ブローチ（7個セット）</h2> //先頭に記述
  <figure class="pd-card__thumb"><img src="img/nikukyu-7.jpg" alt="毛色×肉球色の掛
け合わせは、白ピンク・白黒・黒黒・黒ピンク・茶ピンク・茶こげ茶・白ブチの7種類"></figure>
  <div class="pd-card__body">
    <p class="pd-card__text">可愛らしい肉球型のレジンブローチ。（7個セット）</p>
    <p class="pd-card__price">700円<small>（税抜）</small></p>
  </div>
  <ul class="pd-card__btns">
    <li><button class="btn btn--cart">カートに入れる</button></li>
    <li><a href="#" class="btn btn--more">詳細を見る</a></li>
  </ul>
</article>
```

CSS

```
.pd-card {
  display: flex;
  flex-direction: column;
  ～省略～
}
.pd-card__thumb {
  order: -1; /*表示位置を先頭に移動*/
}
```

　商品のサムネイル画像を付けたカード型のコンポーネントを、article要素
でマークアップする場合を考えます。この場合、商品タイトル部分が見出し
要素になります。この時、おそらく商品画像のサムネイルは商品タイトルよ
り上に表示される場合が多いと思いますが、マークアップ上は**見出し要素で
ある商品タイトルを先に記述することが望ましい**と言えます。多くのスクリ
ーンリーダーには見出しジャンプ機能がありますが、ジャンプ先の見出しが
セクションの冒頭でない場合、見出しより前に記述されているコンテンツに
ユーザーが気づかない可能性があるからです。また、各種ブラウザは見出し
から次の見出しまでを1つのセクションとみなす暗黙のアウトラインしか実
装していないため、商品画像が1つ前の見出しに所属するコンテンツである
と誤認されてしまう恐れもあります。

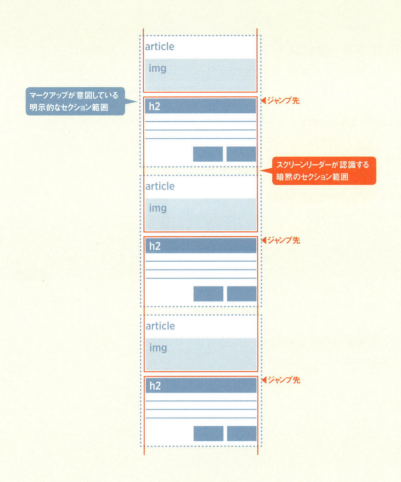

　こうした理由から、見出しを伴うコンテンツブロックについては、極力見出し要素を先頭に持ってくる形でマークアップし、それをCSSでデザインに合わせて並べ替えるようにするとよいでしょう。

> **Memo**
> サムネイル画像自体が装飾、あるいは単なるイメージ画像であり、スクリーンリーダーなどに情報を伝達する必要がないようなケースなど、無理に順番を入れ替える必要はない場合もあります。

読み上げ仕様に配慮する

　ソースの記述順の他、コンテンツの読み上げ仕様についても細々とした注意点があります。すべてに対して完璧に配慮することは難しいかもしれませんが、少し注意するだけでスクリーンリーダーに優しいコンテンツにできるものもありますので、まずはそうした点から配慮しましょう。

➡ 単語の文字間に空白文字を使わない

LESSON 21 ➡ 21-03

会　社　名	株式会社エムディエヌコーポレーション
設　　　立	1992年1月
所　在　地	〒101-0051　東京都千代田区神田神保町1-105 神保町三井ビルディング22F

HTML

```html
<!-- NG例 -->
<table class="table01">
  <tr>
    <th>会　社　名</th>  // 全角スペースで文字間調整
    <td>株式会社エムディエヌコーポレーション</td>
  </tr>
  <tr>
    <th>設　　　立</th>
    <td>1992年1月</td>
  </tr>
  <tr>
    <th>所　在　地</th>
    <td>〒101-0051　東京都千代田区神田神保町1-105　神保町三井ビルディング22F</td>
  </tr>
</table>
```

　Word形式のビジネス文書などでよく見られる「均等割付」のような見た目にしたいがために、単語中の文字と文字の間に空白文字を入れて文字数を揃えるようなことはしないようにしましょう。単語中に空白スペースが入ってしまうと、**1つ1つが単独の文字として読み上げられてしまい、意味が通じなくなってしまいます。**Webでは現状「均等割付」を問題のない形でスマートに実装する方法はないので、**スペースを空けずに詰めて表示するのが基本です。**

OK例

`HTML`

```
<th>会社名</th>  //スペースは入れずに詰めて表示する
```

　ただし、どうしても「均等割付」にする必要があるのであれば、以下のようなテクニックを使う方法もあります。

均等割付:text-align-lastを使う

`CSS`

```
th { text-align-last: justify; }
```

　文章中の最後の行のみ、行揃えを指定できるtext-align-lastプロパティで、justifyを選択すると、テキストの均等割付をすることができます。

▶ **英単語は小文字で記述する**　　　　　　　　LESSON 21 ▶ 21-04

SAMPLE

`HTML`

```
<!-- NG例 -->
<h2 class="heading">SAMPLE</h2>  //大文字で記述している

<!-- OK例 -->
<h2 class="heading">Sample</h2>
```

`CSS`

```
.heading {
  text-transform: uppercase;
}
```

CHAPTER 5　マークアップ

301

もうひとつよくあるケースで問題になるのが、デザイン的に英単語をすべて大文字で見せたい場合です。すべて大文字で「SAMPLE」と記述してしまうと、スクリーンリーダーの中には「サンプル」ではなく「エス・エー・エム・ピー・エル・イー」といった具合にアルファベットを単体で読み上げてしまうものがあります。確実に英単語として読ませる必要がある場合には、「sample」または「Sample」のように、**2文字目以降は小文字で記述する必要があります。**

　英単語を大文字で見せたい場合にはCSSで **text-transform: uppercase;** を指定するようにしておきましょう。

▶ 装飾的な画像のaltは空にする

LESSON 21 ▶ 21-05

HTML

```
<!-- NG例（alt属性なし） -->
<a href="#" class="btn">
  <img src="img/icon_mail.png" class="btn__icon">お問い合わせ  //altがない
</a>

<!--OK例（alt属性の値が空） -->
<a href="#" class="btn">
  <img src="img/icon_mail.png" class="btn__icon" alt="">お問い合わせ
</a>
```

　装飾パーツやイメージ画像、同内容のテキストを伴うアイコンなど、視覚的な効果のみを意図したもので情報として伝達する必要のない画像については、alt=""のように**alt属性の値を空にしておきましょう**。alt情報が不要だからといってalt属性そのものを削除してしまうのはNGです。スクリーンリーダーの中には**ファイル名をそのまま読み上げてしまうものがあり**、情報の読み取りに支障が出る恐れがあるからです。

▶ 画像には適切なalt属性を設定する

　alt属性とは、画像が表示できない場合に画像の代わりにその内容を表示する代替テキストのことです。昔は「alt属性を設定するのはSEOのため」と言われていたこともありますが、本来はあくまで画像が表示されない環境で閲覧する人に対して、可能な限り正確な情報を伝達できるようにするために記述するものです。altを設定する場合はいくつかのパターンがありますので、パターンに応じて適切なaltを設定できるようにしましょう。

▶ ロゴ・バナー・見出しなどのテキスト画像　　　　LESSON 21　▶　21-06

```
<a href="#"><img src="img/banner.jpg" alt="ハンドメイド猫グッズのお店 -nekonokomono- l'atelier Queue Clickにゃう！" width="360" height="225"></a>
```

　ロゴ・バナー・見出しなどのテキスト画像など、画像に文字が記載されているものについては原則として**画像に記載されている文字をそのままaltに記述**しておけば問題ありません。このパターンは誰でも機械的に判断できるものですので、コーディング担当者の裁量で適宜設定しておきましょう。

▶ 前後に重複する内容のテキストがある画像　　　LESSON 21　21-07

```html
<a href="#" class="category">
  <div class="category__thumb">
    <img src="img/category01.jpg" alt="" width="100" height="100">
  </div>
  <div class="category__title">レジンブローチ</div>
</a>
```

　画像の前後にその画像とまったく同じテキスト情報が記載されている場合は、**altの中身を空にする**ようにしましょう。

　当たり前ですが、スクリーンリーダーはalt情報を読み上げます。画像のaltと、その前後に記載されたテキストが同じ文言だった場合、スクリーンリーダーでは同じ内容が重複して読み上げられてしまい、冗長です。したがって前後に重複するテキスト情報がある場合は、装飾目的の画像と同様にalt=""としておくことが望ましいでしょう。これについてもaltを含めて原稿を口に出して読み上げてみればすぐわかることなので、コーディング担当者の裁量で判断しても問題ありません。

図解・グラフ

LESSON 21　21-08

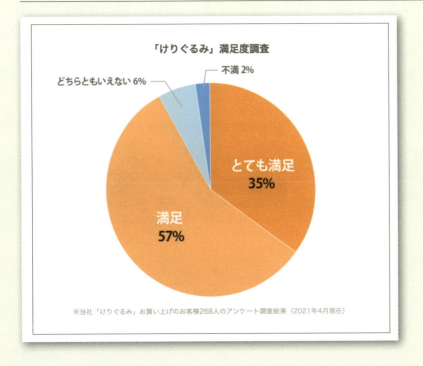

```html
<figure class="graph">
    <figcaption class="graph__title">「けりぐるみ」満足度調査</figcaption>
    <img src="img/graph.png" alt="円グラフ　とても満足35%、満足57%、どちらとも言えない6%、不満2%。とても満足・満足合わせて92%のお客様が満足と答えました。" width="718" height="542">
    <p class="graph__note">※当社「けりぐるみ」お買い上げのお客様268人のアンケート調査結果（2021年4月現在）</p>
</figure>
```

　図解やグラフなどを掲載する場合はaltの内容に注意が必要です。図解やグラフはそれ自体が重要なコンテンツですので、画像が表示されなくてもその図解やグラフで伝えたい情報が伝わるようにする必要があります。そうしなければスクリーンリーダーのユーザーには何の情報も伝わらないからです。

　特に、前後に図解やグラフの内容を解説したテキストがなく、画像だけで情報を伝達している場合はaltに**その画像で伝えたい情報をきちんとテキストに書き起こして記述する必要があります**。内容によってはかなり長い文章で説明する必要が出てくると思われますが、それがなければスクリーンリーダーに対して情報を伝達する手段がないのですから仕方ありません。この場合、その図解・グラフが何を伝えたいのか正確に把握し、適切な表現で文章を書く必要があることから、可能であればライターやディレクターに「テキ

スト原稿」として依頼をしたほうがよいでしょう。なお、前後にその図解やグラフの内容を解説する本文テキストがある場合は、内容の重複を避けるため、altの中身はalt="○○のグラフ"などの簡単な説明だけで十分です。

人物・動物・風景・その他のコンテンツ画像

LESSON 21　21-09

パソコン前が定位置

リモートワークが増えた昨今。家でネコさんを愛でながら仕事できるなんて最高！…と思っている人も多いかもしれませんが、実際の現場はこうです。キーボード打てません。

```
<section class="media">
  <div class="media__body">
    <h2 class="media__title">パソコン前が定位置</h2>
    <p class="media__txt">リモートワークが増えた昨今。家でネコさんを愛でながら仕事できるなんて最高！…と思っている人も多いかも知れませんが、実際の現場はこうです。キーボード打てません。</p>
  </div>
  <figure class="media__photo">
    <img src="img/ph_cat01.jpg" alt="パソコンのモニタ前にでーんと寝そべってこちらを見つめる白猫の写真。キーボードは猫の体の下にあります。仕事できません。" width="640" height="480">
  </figure>
</section>
```

　おそらくaltの中で最も難しいのが、記事中に挿入される人物・動物・風景その他の一般的な写真コンテンツでしょう。このような写真類はイメージ画像ではなくコンテンツの一部ですので、altを空にするわけにはいきません。かといって機械的にaltの中身を決めることもできず、正確に記述するには国語力・文章作成力が求められます。

コンテンツとして使われる写真に設定するalt属性の例

●alt属性例①
たくさんのグラフが書かれた資料を手に持ち、データの説明をする女性と、それを真剣に聞く男性の写真
写真提供：ぱくたそ
（www.pakutaso.com）

●alt例属性例②
一面のひまわり畑の真ん中で長い黒髪をかきあげる女性の写真
写真提供：ぱくたそ
（www.pakutaso.com）

●alt属性例③
畑の土から顔を出したさつまいもを一生懸命両手でひっぱる幼い男の子の写真

　上記はコンテンツとして使用された写真に対する望ましいalt属性の事例です。一般的にこうした写真類の望ましいalt属性の判断基準は、**電話でその内容を伝えて相手が中身をある程度理解できるように書く**というものなので、写真に写っている情景をできるだけ丁寧に文章で伝える必要があります。

しかしalt属性については正直なところ、すべての画像に完璧なものを設定するのはなかなか難しいのが現実で、どこかで折り合いを付ける必要が出てくると思われます。alt属性について適切な原稿が支給されることはほぼなく、何を入れるかはコーディング担当者の良識に任されていることがほとんどである現実を踏まえると、

❶ 画像上の文字をそのまま記述する
❷ 空altを設定する
❸ 簡単なものであれば図解やグラフを要約する

くらいまでがコーディングの裁量で担保できる領域であり、それ以上を求めるのであればコンテンツを作成する工程でライター・ディレクターが原稿を用意するべきものであると筆者は考えます。

> **Memo**
>
> コンテンツ内容に即した適切なalt属性の原稿を用意してもらえない場合、こうした画像類については「○○○の写真」「○○○の様子」といった簡単な説明のみ、あるいは「写真1」「写真2」といった形でそこに写真があることだけはわかるようなalt属性にしておくのもやむなしかもしれません。

キーボードだけで操作できるようにする

キーボード操作を必要としているユーザーは、身体に障がいがありマウス操作が難しい人だけではありません。スクリーンリーダーも基本操作はキーボードで行います。また、普段はマウスを利用している人が、たまたまマウスを忘れた／壊れたなどの理由でキーボード操作を余儀なくされる場合もあるでしょうし、普段からキーボード操作のほうを好んで利用するエキスパートの人もいます。

キーボードだけで操作できる状態にしておくことは、障がいの有無にかかわらず、多くの人が快適にWebサイトを閲覧できるようにするために非常に重要な要件であるということを覚えておきましょう。

自動でキーボードフォーカスされる要素

LESSON 21 ▶ 21-10

`HTML`

```html
<!-- 自動でフォーカスがあたる要素の例 -->
<a href="#">a要素</a>
<button>button要素</button>
<input type="text" value="input要素">
<video src="assets/movie.mp4" controls>雲が流れる空の動画</video>
<audio src="assets/chaim.mp3" controls>玄関のチャイム音</audio>
<details>
```

```
<summary>開閉コンテンツ</summary>
details要素を使えばHTMLだけで簡単に開閉コンテンツを作ることができます。
</details>
```

　キーボード操作が可能なようにマークアップするには、まずは基本的に**HTML標準で用意されている操作可能な要素を使用してコーディングする**のが第一です。具体的には、a要素、button要素、input要素などのフォーム部品、controls属性の付いたvideo／audio要素、比較的最近追加されたdetails要素などです。

　こうした部品を使えば、キーボードだけで操作できるようにするという要件は自動的に達成されますので、特別に何かを行う必要はありません。

➡ tabindex属性

LESSON 21 ● 21-11

`HTML`

```
<!-- tabindexなし -->
  <a href="#" class="btn">a要素</a>
  <button class="btn">button要素</button>
  <div class="btn">div要素</div>   //フォーカスが当たらない

<!-- div要素にtabindex="0" -->
  <a href="#" class="btn">a要素</a>
  <button class="btn">button要素</button>
  <div class="btn" tabindex="0">div要素</div>   //フォーカスが当たる
```

　JavaScriptで動的なUIを作る際、開発者都合でどうしてもdivやspanなど、標準ではフォーカスされない静的要素に対してキーボード操作を可能にする必要に迫られることもあります。この場合は**tabindex属性**でキーボードフォーカス可能な状態にしなければなりません。フォーカスが当たらなければキーボードではまったく操作ができなくなるからです。具体的にはフォーカスが当たるようにしたい静的要素に**tabindex="0"**と指定します。こうすることで、HTMLソースコードの出現順にTabキーでフォーカスが当たるようになります。

　逆にもともと自動でフォーカスがあたる要素をフォーカス対象から除外する目的で使用するのがtabindex="-1"などの"負の整数"の値です。こちらはフォーカス制御を別途JavaScriptで実装することを前提とした機能となります。

　もう1つ、tabindexでは"正の整数"を指定することでフォーカス順序を任意で変更できるという機能もあります。しかしこれを使う場合はページ内の

すべてのフォーカス可能な要素に対して明示的なフォーカス制御が必要になるので、よほどのことがない限りおすすめはできません。

	タブ移動フォーカス	クリックフォーカス	フォーカス順
正の整数	○	○	指定した整数の順番にフォーカス
負の整数	×	○	-
0	○	○	ソースコード上の出現順にフォーカス

▶ フォーカスリング

LESSON 21 ▶ 21-12

`CSS`

```
:focus { outline: none; }
:focus-visible { border: 2px solid #973e03; /*任意のスタイルを適用*/}
```

フォーカス方法によって表示を変えた例

▼マウスでフォーカスした場合

a要素　button要素　div要素

:hoverと同じ
スタイルで表示

▼キーボードでフォーカスした場合

a要素　button要素　div要素

フォーカスリング用の
独自スタイルで表示

キーボード操作を意識したマークアップを行う際に忘れてはならないのが、**現在フォーカスが当たっている要素を表示するための枠線＝フォーカスリング**です。これはマークアップではなくCSSで制御するものになりますが、キーボード操作対応をする際にはセットで必ず実装すべき項目となりますので、ここで解説を加えておきます。

アクセシビリティの観点からは、キーボードフォーカスした際の**フォーカスリングの表示は必須**です。しかし、マウス操作しているユーザーからすると不恰好である上に操作に混乱をきたす恐れもあるため、input要素以外のリンクやボタンについてはマウス操作時にはフォーカスリングは表示されないほうがよいという、操作方法によって望ましい実装が異なる状況が生じてしまいます。

この問題を解決するため、現在多くの主要ブラウザには「**:focus-visible**」という擬似クラスが実装されています。いったん:focusでフォーカスリングを表示させるoutlineを削除しておき、:focus-visibleプロパティでキーボード操作時のフォーカスリングスタイルを任意で上書きしておくようにすれば、キーボード操作でフォーカスを当てた時だけフォーカスリングを表示させることが可能となります。

/Memo

:focus-visible は Safari・iOS Safari では v15.4 から対応した比較的新しい機能です。プロジェクトの動作保証環境条件によっては what-input（https://github.com/ten1seven/what-input）などの JavaScript ライブラリで機能補完したほうがよいかもしれません。

LESSON 22

WAI-ARIAによるスクリーンリーダー対応

Lesson20、21ではあくまでHTMLの標準仕様の範囲内でできるアクセシビリティ向上の方法について
解説してきました。Lesson22では、もう一歩踏み込んで積極的にスクリーンリーダー向けの
対応を強化することができるWAI-ARIAについて解説しておきます。

▶ WAI-ARIAとは

WAI-ARIA（Web Accessibility Initiative Accessible Rich Internet Applicat
ions｜ウェイ・アリア）とは、W3Cが定めたアクセシビリティのための追加
仕様で、HTMLだけでは表現しきれない構造や役割、状態などを明示できる
ようにするためのものです。

WAI-ARIAの仕様は大きく分けると役割を定義する**role属性**と、性質・状
態を定義する**aria-*属性**の2つに分類されます。aria-*属性はさらに性質を
現す**プロパティ**と状態を表す**ステート**に分類されます。これらを適切にマー
クアップに盛り込んでおくことで、スクリーンリーダーを利用する方が
Webサイト・Webアプリケーションを操作する際の手助けとなります。

> **Memo**
>
> 本書は2023年6月に勧告
> となったWAI-ARIA1.2に
> 準拠した形で解説していま
> す。
> ・WAI-ARIA 1.2
> https://www.w3.org/TR/
> wai-aria-1.2/
> ・WAI-ARIA 1.2（日本語訳）
> https://momdo.github.
> io/wai-aria-1.2/

WAI-ARIAの2大属性

カテゴリ	用途	例
role属性	その要素の「役割」を定義する。多くのHTML要素には「暗黙のrole」が設定されている。	role="navigation", role="main"など
aria-*属性	roleの「性質」を定義するプロパティと、「状態」を定義するステートから構成されている。	aria-controls, aria-expandedなど

311

▶ role属性

WAI-ARIA を学ぶに当たり、まず理解しておきたいのはロール（role属性）です。ロールとは、コンテンツの意味付けを行い、その要素の種類や目的に応じてスクリーンリーダーなどのツールが適切に表示・操作できるようにするための情報です。多くのHTML要素は標準でその役割に応じたロール（**暗黙のロール**）を持っているため、アクセシビリティを高めたいのであれば、まずはHTML要素を正しく使用し、セマンティックなマークアップを心がけることが第一歩となります。

基本的なHTML要素と暗黙のroleの対応の例

HTML要素	暗黙のロール
a	link
button	button
nav	navigation
ul	list
li	listitem
div	generic
span	generic

参考:「暗黙のロール一覧」
https://www.w3.org/TR/html-aria/#docconformance

その上で、HTML要素だけでは不足するロールをrole属性を使って追加したり、あるいは要素の暗黙のロールをより適切なロールに上書きしたりすることで、HTML要素だけでは表現しきれないより高度な役割を、スクリーンリーダーなどの支援技術に向けて提供することができるものがrole属性であると理解してください。

▶ ロールの種類と用途

WAI-ARIA ロールは次の6つのカテゴリに分類されています。

WAI-ARIA ロールのカテゴリ

カテゴリ	役割	例
文書構造ロール	静的な文書構造を定義するロール	aplication ／ article ／ group ／ list ／ listitem ／ math/ presentation など多数
ランドマークロール	ページ全体のレイアウトを定義するロール。ナビゲーションの目印として機能する。	banner ／ conplementary ／ contentinfo ／ form ／ main ／ navigation ／ search ／ region
ウィジェットロール	ユーザーが操作可能なユーザーインターフェースを定義ロール	searchbox ／ tab ／ tabpanel ／ tablist ／ combobox ／ tree ／ treeitem など多数
ライブリージョンロール	動的に変更されるコンテンツを持つ要素を定義するロール	alert ／ log ／ marquee ／ status ／ timer
ウィンドウロール	ポップアップモーダルダイアログなど同じウィンドウ内で表示するサブウィンドウを定義するロール	alertdialog ／ dialog
抽象ロール	ブラウザが文書を整理し合理化するためだけに使用されるロール ※開発者が使用することはできません	command ／ composite ／ input ／ landmark ／ range ／ roletype ／ section ／ sectionhead ／ select ／ structure ／ widget ／ window

　role属性は、スクリーンリーダー対応するためにすべての要素に必ずつけなければならないものではありません。前述の通り多くのHTML要素には対応する暗黙のロールがありますので、**暗黙のロールと同じ役割のrole属性をわざわざ明示的に記述する必要はありません。**

▶ 暗黙のロールを活用することによるメリット

　HTMLを正しくマークアップし、暗黙のロールを活用することはそれだけでアクセシビリティを高めることにつながります。例えばページ全体のレイアウトを定義するためのロールであるランドマークロールは、スクリーンリーダーがページ内を移動するときの目印となるため、そのロール対応したHTML要素を使用するだけで文書のアクセシビリティが向上することになります。また、search以外のランドマークロールはすべて暗黙のロールを持つHTML要素が存在しますので、基本的に適切なHTML要素を使うだけで特別な作業はほとんど必要ないということがわかるでしょう。

ランドマークロール一覧

ロール名	意味	対応するHTML要素
banner	ページのヘッダー領域（ページ内に1つ）	セクション要素の子孫でないheader要素
contentinfo	ページのフッター領域（ページ内に1つ）	セクション要素の子孫でないfooter要素
main	メインコンテンツ領域（ページ内に1つ）	main要素
complementary	補足のコンテンツ（サイドバーなど）	aside要素
navigation	ナビゲーション	nav要素
region	汎用的なランドマーク	section要素
search	検索フォーム	-
form	フォーム	form要素

role属性で暗黙のロールを上書き

　このようにrole属性は基本的にHTML要素の暗黙のロールを活用するのが大前提です。ただしWAI-ARIAのロールには対応するHTML要素が存在しないものもあります。また、実際のコーディングで頻繁に使用するdivやspanの暗黙のロールは「generic」ですが、genericロールの要素は支援技術においても何も意味を持たない要素として扱われてしまうため、divやspanだけでコーディングされたUIはアクセシビリティ上の問題が生じてしまいます。そのため、

❶ 何らかの事情で、セマンティックなHTML要素ではなくdivやspanなどの特別な意味付けがない要素で構築しなければならない場合
❷ HTML要素にそのオブジェクトを表現する適切な要素が存在しない場合（タブUIなど）

　このようなケースでは明示的にrole属性で役割を補ってあげることが必要となってきます。**role属性は暗黙のロールを上書きすることができます**ので、以下の2つのマークアップは同等のセマンティクスを持つことになります。

`HTML`

```html
<div role="navigation">…ナビゲーションメニュー…</div>
```

`HTML`

```html
<nav>…ナビゲーションメニュー…</nav>
```

タブUIのようにそもそもHTMLの語彙にないUIを作成するときなども、以下のようにすることでこれが「タブ」であることをスクリーンリーダーに伝えることも出来ます。

※実際にタブUIを表現するにはrole属性だけでは不十分ですが、ここでは暗黙のロールを上書きできる例として紹介しています。

`HTML`

```html
<ul role="tablist">
  <li role="presentation"><a href="#tab01" role="tab">タブ1</a></li>
  <li role="presentation"><a href="#tab02" role="tab">タブ2</a></li>
  <li role="presentation"><a href="#tab03" role="tab">タブ3</a></li>
</ul>
<div id="tab01" role="tabpanel">タブパネル1</div>
<div id="tab02" role="tabpanel">タブパネル2</div>
<div id="tab03" role="tabpanel">タブパネル3</div>
```

なおWAI-ARIAにおいてタブ構造を表現するにはtablist > tab となっていれば十分で、tablistとtabの間に挟まっているli要素は意味的には不要となります。このようにHTMLとしてのマークアップ構造では必要でも、WAI-ARIAで表現する構造としては不要となるものについては、role="presentation" を設定することでスクリーンリーダーにこの要素を無視させることができますので、WAI-AIRAロールのために無理にマークアップ側の構造を崩す必要もありません。

このように、暗黙のロールだけでは対応できない場合には、role属性で暗黙のロールを上書きすることでより適切な情報構造をスクリーンリーダーに伝えることが可能となります。

参考:WAI-ARIA1.2 role属性の定義

- 5.4 Definition of Roles
  https://www.w3.org/TR/wai-aria-1.2/#role_definitions

- 日本語訳
  https://momdo.github.io/wai-aria-1.2/#role_definitions

/ **Point**

タブUIのようによく使う割に専用のHTML要素がなかったUIとして、アコーディオンやモーダルウィンドウといったものがありますが、これらは現在details要素、dialog要素としてネイティブのHTML要素が追加されています。ネイティブ要素を使用すれば自分でrole属性を追加しなくてもアクセシビリティは担保されますので、基本的にネイティブのHTML要素が存在するものはそちらを積極的に利用するようにしましょう。

aria-* 属性

aria-* 属性とは、要素の役割を示すロールに対して付加的な情報を加え、スクリーンリーダーのユーザーに対してコンテンツ構造の理解や操作を助けるために必要なものになります。

ロールの種類によって、どのようなaria-* 属性が設定できるか、あるいはできないかといったことは仕様によって細かく定義されているため、使用する際にはベースになるロールの情報もよく確認する必要があります。

プロパティとステート

aria-* 属性は大きく2つに分類されます。1つは**プロパティ（性質）**、もう1つは**ステート（状態）**です。プロパティはそのロールの性質を表し、様々な補足情報を加えるためのものです。プロパティは基本的に静的な情報ですので、状況によって書き換えることができません。一方、ステートは「選択されている/いない」「展開されている/いない」「表示されている/いない」といった、そのロールの現在の状態を表すものです。ユーザーの操作で動的に変化する状態を正確にスクリーンリーダーに伝達するため、**ステートを利用するにはJavaScriptによる操作が必要です。**

よく使うaria-* 属性（プロパティ）

名前	意味	補足
aria-label	現在の要素にラベルをつける	要素に明示的なラベル（見出しなど）がない場合のみ使用する
aria-labelledby	現在の要素にラベルをつける要素を識別する	離れた場所に記述された明示的なラベル（見出しなど）を関連付けるために使用する
aria-describedby	現在の要素を説明している要素を識別する	離れた場所に記述された説明文などを関連付けるために使用する
aria-controls	現在の要素が制御している対象の要素を識別する	その要素が開閉などの表示制御をする対象となる要素を明示するために使用する

よく使うaria-*属性（ステート）

名前	意味	値
aria-expanded	要素が展開しているかどうか	true／false／undefined
aria-hidden	要素が非表示であるかどうか	true／false
aria-selected	（タブなどの）現在選択されているもの	true／false／undefined
aria-current	（ナビなどの）現在位置	page／step／location／date／time／true／false

参考：WAI-ARIA1.2-aria属性(ステートとプロパティ)の定義

• 6.6 Definitions of States and Properties（all aria-* attributes）
https://www.w3.org/TR/wai-aria-1.2/#state_prop_def

▶ aria-*属性を使う場合の注意点

　aria-*属性はすべてのHTML要素で自由に設定できるものもありますが、使用できるロールが限定されているものもあります。例えばよく使うaria-*属性として紹介したものに関して言えば、aria-expandedとaria-selectedは使えるロールが限定されています。また、要素にアクセシブルな名前をつけるaria-labelとaria-labelledbyは、基本的にはグローバルですが、generic、presentation、strong、paragraphなど一部のロールでは使用が禁止されています。

　このように、aria-*属性を使用する際にはどのロールに対して使用できるものなのかに注意する必要があります。ただし、そのすべてを把握することはなかなか困難ですので、実際の利用に際してはWAI-ARIAの構文チェックをしてくれるツールの導入を検討するのが現実的でしょう。

参考：WAI-ARIA1.2 グローバルなステートとプロパティ

• 6.5 Global States and Properties
https://www.w3.org/TR/wai-aria-1.2/#global_states

使用できるroleが限定されているaria-*属性の例

属性名	使用できるrole
aria-expanded	button／combobox／document／link／section／sectionhead／window
aria-selected	gridcell／option／row／tab
aria-modal	alertdialog／dialog
aria-posinset	article／listitem／menuitem／option／radio／tab
aria-setsize	article／listitem／menuitem／option／radio／tab

/ Word

markuplint
HTMLなど各種言語の構文チェックができるVSCodeの拡張機能であるmarkuplintは、WAI-ARIAの構文チェックもしてくれるツールの代表格です。

▶ 実装事例① ラベル付け

　ここからは具体的な使用例を挙げてよくある使い方やまちがいやすいポイントなどを解説していきます。まずは要素に対して「アクセシブルな名前」を付けるラベル付けの方法について解説します。

▶ 要素に直接ラベルを設定する　　LESSON 22　▶ 22-01

　ある要素（厳密にはその要素に設定されているロール）に対して**直接アクセシブルな名前を付ける**のが **aria-label 属性**です。aria-label 属性で設定したラベルはコンテンツのテキストやtitle属性、label要素など**他の技術で提供されたラベルを上書きします**。以下にアクセシビリティの向上が期待できるaria-labelの使い方をいくつか紹介します。

ロシアンブルー

ロシアンブルーはロシア原産の短毛種です。毛の色はブルーグレーのソリッドカラーで、鮮やかなエメラルドグリーンの目を持つことが特徴です。

詳しく見る＞

```
<!-- 例①：テキストが明示されていないボタン -->
<button aria-label="閉じる">×</button>

<!-- 例②：アイコン自体に意味を持たせる -->
<a href="https://www.youtube.com/" class="fab fa-youtube" aria-label="Youtube"></a>

<!-- 例③：リンクの目的を説明する -->
<h2>ロシアンブルー</h2>
<p>ロシアンブルーはロシア原産の短毛種です。毛の色はブルーグレーのソリッドカラーで、鮮やかなエメラルドグリーンの目を持つことが特徴です。</p>
<p class="more"><a href="xxx.html" aria-label="ロシアンブルーの特徴について詳しく見る">詳しく見る</a></p>
```

例① テキストが明示されていないボタン

　コンテンツテキストが「×」となっているbutton要素を「閉じるボタン」として使用しているケースです。「×」自体には「閉じる」という意味はないため、視覚情報が取得できない場合ユーザーを混乱させる恐れがあります。このような場合、aria-label属性によってラベルを上書きすることで正確な目的を伝達できます。

例② テキストが明示されていないボタン

　font awesomeなどのアイコンフォントはCSSの擬似要素でアイコンを出力しますが、絵柄が見えない場合、何の意味も持ちません。そのアイコンが装飾的なものであるならaria-hidden="true"としてアクセシビリティツリーから非表示にするのがよいのですが、アイコンそのものに意味を持たせる必要がある場合は、aria-label属性によってラベルを設定することでアクセシブルにすることが可能です。

例③ リンクの目的を説明する

　見出し・本文・リンクとすべて順番に読み上げていけばa要素のコンテンツである「詳しくはこちら」でも意味は理解できますが、キーボードでリンクだけを追っている場合、そのリンクの目的がわからないという問題が生じます。このような場合も、aria-labelで具体的なリンクの目的を記述しておけばそのリンクの目的をスクリーンリーダーに対して明確に伝えられます。

Point

リンクテキストを具体的に記述する

例③の場合、aria-labelを追加する他、a要素に設定するリンクテキストそのものを「○○について詳しく見る」のように具体的に記述するように変更するという方法もあります。このほうがスクリーンリーダーだけでなく利用しているすべてのユーザーに対してリンクの目的を明確に示すことができ、かつSEO的にも望ましいので、デザイン的に許されるのであればそちらを採用することをおすすめします。

他の要素のテキストをラベルとして関連付ける

LESSON 22 ▸ 22-02

明示的にアクセシブルな名前を付けるもう1つの方法として、**aria-labelledby属性**というものがあります。役割としてはaria-labelと同じですが、aria-labelがその要素に直接ラベルを付けるのに対して、aria-labelledby属性は「他の要素によってラベル付けされている」という形でラベルを関連付けるのが特徴です。具体的には、**id属性で命名された他の要素のテキストをラベルとして指定する**という方法で使用します。

メインメニュー
- メニュー1
- メニュー2
- メニュー3
- メニュー4

- 項目1
- 項目2
- 項目3
○○の一覧

請求書
名前 [_____]
住所 [_____]

```html
<!-- 例①：内包する見出しを領域に関連付ける -->
<nav aria-labelledby="menu-title">
  <h2 id="menu-title">メインメニュー</h2>
  <ul>
   ～省略～
  </ul>
</nav>


<!-- 例②：親子関係にない要素をラベルとして関連付ける -->
<ul aria-labelledby="my-label">
  <li>項目1</li>
  <li>項目2</li>
  <li>項目3</li>
</ul>
<p id="my-label">○○の一覧</p>

<!-- 例③：複数のラベルを関連付ける -->
<h2 id="billing">請求書</h2>
<div>
  <span id="name">名前</span>
  <input type="text" aria-labelledby="billing name">
</div>
<div>
  <span id="address">住所</span>
  <input type="text" aria-labelledby="billing address">
</div>
```

例① 内包する見出しを領域に関連付ける

要素内に見出しが存在して、見出しのテキストを自分自身のラベルとして明示的に関連付けたい場合にはaria-labelledby属性を使用します。aria-labelとaria-labelledbyで重複して同じラベルを付けても意味がありませんので、見出しを内包しているならaria-labelledby、していないならaria-labelと使い分けをするようにしましょう。また仮にaria-labelとaria-labelledbyで異なるラベルを指定した場合はaria-labelledbyが優先される仕組みになっています。

例② 親子関係にない要素をラベルとして関連付ける

HTML構造的にどうしても自身の要素内にラベル用の要素を内包できない場合でも、aria-labelledbyであれば親子関係にない、離れた場所にある要素であっても対象のid属性で関連付けることでラベル付けできます。この使い方はaria-labelにはない特徴です。

例③ 複数のラベルを関連付ける

あまり使う場面はないかもしれませんが、aria-labelledbyは複数のラベルを指定できるので、例③のように二重のラベル構造になっている場合でも、マークアップを複雑にすることなくラベル付けすることが可能です。

➡ アクセシブルな名前

LESSON 22 ▶ 22-03

aria-label、aria-labledbyを正しく理解するには、WAI-ARIAの「アクセシブルな名前」の算出方法に関する仕様をしっかり理解する必要があります。アクセシブルな名前とはロールの名前のことで、以下の3つのパターンに分類されます。

- コンテンツ由来
- 著者由来
- 禁止（アクセシブルな名前をつけてはいけない）

コンテンツ由来の名前とは、要素のコンテンツテキストがそのまま名前として読み上げられるもので、**コンテンツ由来の名前を持てるかどうかはロールによって決まっています**。著者由来の名前とは、aria-label、aria-labelledby属性によって明示的に付けられた名前のことで、これは一部のロールを除きほぼすべてのロールが持つことができます。また、コンテンツ由来・著者由来いずれかのアクセシブルな名前が必須となるロールもあります。

アクセシブルな名前をつけることが禁止されているロールの代表的なもの

はgenericです。div要素・span要素にはgenericが暗黙のロールとして設定されていますので、特に注意が必要です。

参考:WAI-ARIA1.2 アクセシブルな名前の計算

- 5.2.8 Accessible Name Calculation
  https://www.w3.org/TR/wai-aria-1.2/#namecalculation

  ナビゲーション

```
<!-- 「送信」というコンテンツ由来のアクセシブルな名前を持つ -->
<button>送信</button>

<!-- 「インフォメーション」という著者由来のアクセシブルな名前を持つ -->
<a href="#" aria-label="インフォメーション">!</a>

<!-- navigationロールはコンテンツ由来の名前を持たないのでアクセシブルな名前はない（必須ではないのでなくてもかまわない） -->
<nav>ナビゲーション</nav>

<!-- genericロールにはアクセシブルな名前を設定できない（aria-labelなどを設定してはいけない） -->
<span class="fa fa-arrow-right" aria-label="右矢印"></span>  ※ NG例
```

アクセシブルな名前に関して注意が必要なロール

アクセシブルな名前が必須のロール	alertdialg／application／button／heading／img／link／searchbox／tabpanel／tooltip／tree／treeitem 他
コンテンツ由来の名前を持てるロール	button／cell／checkbox／columnheader／gridcell／heading／link／menuitem／menuitemcheckbox／menuitemradio／option／radio／row／rowgroup／rowheader／switch／tab／tooltip／tree／treeitem
アクセシブルな名前が禁止のロール	generic／presentation／paragraph／caption／code／deletion／emphasis／insertion／strong／subscript／superscript

実装事例② アイコン

アイコンには

① 同義のテキストを伴い、それ自体は装飾的な役割しか持たないもの
② アイコン単体で特定の機能・役割を表現しているもの

の2種類があります。いずれの場合もアイコン自体がimg画像でHTMLに埋め込まれているのであればalt属性を適切に設定すればアクセシブルにすることは可能です。しかし、アイコンフォントや擬似要素などを使って視覚的にはアイコンの絵柄が表示されていても、HTMLソース的には実態がないものについては、WAI-ARIAで補足することがアクセシビリティ的には望ましいと言えます。以下に3パターンのアイコンの実装例を紹介します。

aria-hidden で隠す

LESSON 22 ● 22-04

✉ <u>お問い合わせ</u>

`HTML`

```html
<!-- アイコン付きのリンク -->
<a href="/contact/"><i class="fas fa-envelope" aria-hidden="true"></i>お問い合わせ</a>
```

このサンプルの場合、「お問い合わせ」というテキスト情報が存在しますので、アイコン自体はスクリーンリーダーにとって不要な情報です。このような場合は、aria-hidden="true"でスクリーンリーダーに対して非表示（認識されない状態）とするのが適切です。

▶ aria-labelでラベル付けする　　LESSON 22　22-05

HTML
```
<!-- アイコンのみで表現されたリンク① -->
<a href="/contact/" class="mark" aria-label="お問い合わせ"><i class="fas fa-envelope" aria-hidden="true"></i></a>
```

　アイコン単体で特定の意味や役割を表現するインフォグラフィックスとしてアイコンフォントが使われている場合は、このようにaria-labelでラベル付けをしておけば、アイコンにフォーカスが当たると「お問い合わせ」と読み上げてくれます。

/ Point

i要素とaria-labelの設定
i要素の暗黙のロールはgenericであり、直接aria-labelでアクセシブルな名前を付けることができないため、a要素の方で設定しています。

▶ スクリーンリーダー用のテキストを使う　　LESSON 22　22-06

HTML
```
<!-- アイコンのみで表現されたリンク② -->
<a href="/contact/"><i class="fas fa-envelope" aria-hidden="true"></i><span class="visually-hidden">お問い合わせ</span></a>
```

CSS
```
/*ビジュアルブラウザからは隠し、スクリーンリーダーには読ませる*/
.visually-hidden {
  position: absolute;
```

324

```
  white-space: nowrap;
  width: 1px;
  height: 1px;
  overflow: hidden;
  border: 0;
  padding: 0;
  clip: rect(0 0 0 0);
  clip-path: inset(50%);
  margin: -1px;
}
```

　aria-labelを設定する代わりに、HTML上にスクリーンリーダー向けのテキストを用意しておき、ビジュアルブラウザからは非表示にしつつ、スクリーンリーダーからは読めるようにしておくという方法もあります。これは一般的に「**visually-hidden**」と呼ばれる手法で、アイコンに限らずいわゆる「隠しテキスト」を実装するための手法です。

　サンプルではアイコンの意味付けとして使っていますが、例えば「セマンティクス的にはh2やh3などの見出しが必要でもビジュアル的にはそれを見せたくない」といったケースでも使用できるため、広い範囲に応用が可能です。スクリーンリーダー対策としてはaria-labelを使った手法と差はありませんが、HTML上に記載されたテキストが検索エンジンにもインデックスされるため、アクセシビリティとSEOの対策を共通化する目的がある場合はこちらがおすすめです。

▶ 実装事例③ ハンバーガーメニュー

　レスポンシブサイトの多くで採用されているハンバーガーメニューをWAI-ARIAを使ってどのようにアクセシブルにするのか解説します。こちらは1つのサンプルを順を追って解説していきます。

対策前のソース

`HTML`

```
<button type="button" class="hamburger">
  <span class="hamburger__line"></span>
  <span class="hamburger__txt">メニュー</span>
</button>
<nav class="gnav">
  <ul class="gnav__list">
    ～省略～
```

```
    </ul>
</nav>
```

①ボタンとメニューの関係性を設定

LESSON 22 ▶ 22-07

HTML

```
<button type="button" class="hamburger" aria-controls="gnav">
    <span class="hamburger__line"></span>
    <span class="hamburger__txt">メニュー</span>
</button>
<nav id="gnav" class="gnav">
    <ul class="gnav__list">
        〜省略〜
    </ul>
</nav>
```

「このボタンを押したら、このメニューが開く／閉じる」というような、ある要素から別の要素の表示を制御する関係性を表現するのが**aria-controls属性**です。制御される側にid属性で固有名を付けておき、制御するほうにaria-controles属性でそのid属性を指定するようにします。

▶ ②開閉状態を設定　　　　　　　　　　　　　　　　LESSON 22 ▶ 22-08

`HTML`

```
<button type="button" class="hamburger" aria-controles="gnav" aria-
expanded="false">
  <span class="hamburger__line"></span>
  <span class="hamburger__txt">メニュー</span>
</button>
<nav id="gnav" class="gnav" aria-hidden="true">
  <ul class="gnav__list">
    ～省略～
  </ul>
</nav>
```

次に現在のハンバーガーメニューの開閉状態をステートで設定します。
ボタン側には
aria-expanded（制御先の要素が展開されているかどうか）
メニュー側には
aria-hidden（自分自身が非表示であるかどうか）
を設定するようにしましょう。メニューが開いている状態／閉じている状態を表現する場合の値は次のようになります。

	メニューが閉じている時	メニューが開いている時
aria-expanded（ボタン側）	false	true
aria-hidden（メニュー側）	true	false

なお開閉するメニューのaria-hiddenの値は、「閉じている時がture」「開いている時がfalse」なので、まちがえないようにしましょう。

▶ ③CSSとJSにステートを反映

LESSON 22 ▸ 22-09

`CSS`

```css
/*OPEN時スタイル*/
.hamburger[aria-expanded="true"] .hamburger__line{
  background: transparent;
}
.hamburger[aria-expanded="true"] .hamburger__line::before {
  top: 0;
  transform: rotate(45deg);
}
.hamburger[aria-expanded="true"] .hamburger__line::after {
  bottom: 0;
  transform: rotate(-45deg);
}
```

`JQuery`

```javascript
<script>
  document.addEventListener('DOMContentLoaded', function() {
    document.querySelector('.hamburger').addEventListener('click', function() {

      const expanded = this.getAttribute('aria-expanded'); //開閉状態を格納
      const btnTxt = document.querySelector('.hamburger__txt');
      const gnav = document.getElementById('gnav');

      if (expanded === 'false') { //メニュー非展開だったら
        this.setAttribute('aria-expanded', 'true');
        btnTxt.textContent = 'Close';
        gnav.setAttribute('aria-hidden', 'false');
        gnav.style.display = 'block';

      } else { //メニュー展開済みだったら
        this.setAttribute('aria-expanded', 'false');
        btnTxt.textContent = 'Menu';
        gnav.setAttribute('aria-hidden', 'true');
        gnav.style.display = 'none';
      }

    });
  });
</script>
```

aria-expandedとaria-hiddenはいずれも**ステート（状態）**であり、ユーザーの操作によってリアルタイムにその状態は変化します。したがって、

HTMLに記述した初期状態から変化があった場合には当然aria-*属性の値も動的に変更する必要があります。

　ステートに関しては特に実際の状態とariaの値に矛盾が出ないように細心の注意を払う必要があります。値がまちがっていたり、ステートを設定しているのにJSによって動的に変化させる実装を怠ったりしているようでは、アクセシビリティに重大な支障が生じます。

　なおaria-*属性はCSSからもJSからもセレクタとして利用可能なので、WAI-ARIAを使っているのであれば状態変化に関する制御についてはaria-*属性を直接セレクタとして利用するのが合理的です。

▶ 実装事例④ タブ

　最後に、レスポンシブに限らず使用頻度の高いUIでありながらHTMLに専用の要素がなく、アクセシブルにするにはやや手間のかかるタブUIの実装について、順を追って解説していきます。

対策前のソース

`HTML`

```html
<div class="tabs">
  <ul class="tab-list">
    <li class="tab-list__item">
      <button type="button" id="tab01" class="tab is-active" data-target="tabpanel01">タブ1</button>
    </li>
    <li class="tab-list__item">
      <button type="button" id="tab02" class="tab" data-target="tabpanel02">タブ2</button>
    </li>
    <li class="tab-list__item">
      <button type="button "id="tab03" class="tab" data-target="tabpanel03">タブ3</button>
    </li>
  </ul>
  <div id="tabpanel01" class="tab-panel is-active">タブパネル1</div>
  <div id="tabpanel02" class="tab-panel">タブパネル2</div>
  <div id="tabpanel03" class="tab-panel">タブパネル3</div>
</div>
```

329

タブ1　タブ2　タブ3

タブパネル1
この文章はダミーです。文字の大きさ、量、字間、行間等を確認するために入れています。この文章はダミーです。文字の大きさ、量、字間、行間等を確認するために入れています。この文章はダミーです。文字の大きさ、量、字間、行間等を確認するために入れています。

①ロールを設定

LESSON 22 ● 22-10

`HTML`

```html
<div class="tabs">
  <ul class="tab-list" role="tablist">
    <li class="tab-list__item" role="presentation">
      <button type="button"
        id="tab01"
        class="tab is-active"
        data-target="tabpanel01"
        role="tab">タブ1</button>
    </li>
    〜省略〜
  </ul>
  <div id="tabpanel01"
    class="tab-panel is-active"
    role="tabpanel">タブパネル1</div>
  〜省略〜
</div>
```

まず、ul要素で作ったタブリストと、div要素で作った各タブパネルに対して、これが「タブUI」であるということを示すために、role属性を設定していきます。**タブ一覧はrole="tablist"、タブはrole="tab"、タブパネルはrole="tabpanel"** です。

　また、サンプルのようにbutton要素にrole="tab"を当てる場合、li要素がアクセシビリティツリー的には不要となるため、li要素には**role="presentation"を割り当てるのがポイント**です。

/ Point

tablistが提供する情報

role="tablist"は直下のrole="tab"の数を数えて全体のタブ数・現在のタブ位置といった情報を提供してくれますが、直下にrole="tab"でない要素があるとその情報が提供されなくなります。不要な中間要素を非表示にしておけば、孫要素に設定したrole="tab"の数をカウントできるようになります（※VoiceOver+Safariの場合）。

▶ ②タブとパネルの関係性を設定　　　　　　LESSON 22 ▶ 22-11

`HTML`

```
<div class="tabs">
  <ul class="tab-list" role="tablist">
    <li class="tab-list__item" role="presentation">
      <button type="button"
        id="tab01"
        class="tab is-active"
        data-target="tabpanel01" //不要となるので削除
        role="tab"
        aria-controls="tabpanel01">タブ1</button>
    </li>
    〜省略〜
  </ul>
  <div id="tabpanel01" //aria-controlsで指定する制御対象のid
      class="tab-panel is-active"
      role="tabpanel"
      aria-labelledby="tab01">タブパネル1</div>
    〜省略〜
</div>
```

CHAPTER 5　マークアップ

331

次にタブリストの各タブと、そのタブが制御する対象となるタブパネルを
関連付けます。タブ側からは aria-controls 属性で対応するパネルの id を、パ
ネル側からは aria-labelledby 属性で対応するタブの id を指定しておきます。
また、制御対象を指定していた data-target 属性は aria-controls 属性で置き
換え可能となるので削除しておきます。

/ **Point**

念のため双方向で指定

仕様的には aria-controls または aria-labelledby のどちらか一方で関連付けられていればよいのですが、
各種スクリーンリーダーの対応状況にバラツキがあるようなので念の為双方向で指定しています。な
お role="tabpanel" にはアクセシブルな名前が必須なので、aria-controls だけで関連付けるのであれ
ば、タブパネル側には aria-label 属性が必要になるので注意が必要です。

▶ **③タブの選択状態を設定**　　　　　　　　　　　　　LESSON 22　▶　22-12

`HTML`

```
<div class="tabs">
  <ul class="tab-list" role="tablist">
    <li class="tab-list__item" role="presentation">
      <button type="button"
        id="tab01"
        class="tab is-active" //不要となるのでis-activeは削除
        role="tab"
        aria-controls="tabpanel01"
        aria-expanded="true" //制御先が展開されている
        aria-selected="true">タブ1</button> //選択されている
    </li>
    <li class="tab-list__item" role="presentation">
      <button type="button"
        id="tab02"
        class="tab"
        role="tab"
        aria-controls="tabpanel02"
        aria-expanded="false" //制御先が展開されていない
        aria-selected="false">タブ2</button> //選択されていない
    </li>
    <li class="tab-list__item" role="presentation">
      <button type="button"
        id="tab03"
        class="tab"
        role="tab"
        aria-controls="tabpanel03"
        aria-expanded="false"  //制御先が展開されていない
```

```
                aria-selected="false">タブ3</button>    //選択されていない
        </li>
    </ul>
    <div id="tabpanel01"
        class="tab-panel is-active"  //不要となるのでis-activeは削除
        role="tabpanel"
        aria-labelledby="tab01"
        aria-hidden="false">タブパネル1    //非表示ではない
    </div>
    <div id="tabpanel02"
        class="tab-panel"
        role="tabpanel"
        aria-labelledby="tab02"
        aria-hidden="true">タブパネル2    //非表示
    </div>
    <div id="tabpanel03"
        class="tab-panel"
        role="tabpanel"
        aria-labelledby="tab03"
        aria-hidden="true">タブパネル3    //非表示
    </div>
</div>
```

CSS

```
/*選択中のタブ*/
.tab[aria-selected="true"] {/*.is-activeの代わりにaria-selectedを使用*/
    background: #fff;
    border-bottom: 1px solid #fff;
}
/*選択中のタブパネル*/
.tab-panel[aria-hidden="false"] {  /*is-activeの代わりにaria-hiddenを使用*/
    display: block;
}
```

　タブUIは、用意されたタブの1つだけが選択されており、他のタブパネルは隠されている状態になるので、タブUIの初期状態をaria-*属性のステートで表現する必要があります。

　まずタブ側には

aria-expanded（制御先の要素が展開されているかどうか）

aria-selected（自分自身が選択されているかどうか）

タブパネル側には

aria-hidden（自分自身が非表示であるかどうか）

を設定します。選択されている／いない場合のそれぞれの属性値は以下のようになります。

	選択されているタブ	選択されていないタブ
aria-expanded（タブ側）	true	false
aria-selected（タブ側）	true	false
aria-hidden（タブパネル側）	false	true

　ハンバーガーメニューのサンプルとも同じですが、状態変化のスタイルについてはaria-*属性のステートをそのままセレクタとして利用することが可能なので、タブ・タブパネルそれぞれで「現在選択されているもの」を指定していたclass="is-active"は削除し、CSS側の表示制御もaria-*属性をセレクタとしたものに書き換えています。

▶ ④タブの選択／非選択の挙動を JS で実装　　　LESSON 22 ▸ 22-13

`HTML`

```
<div class="tabs">
  <ul class="tab-list" role="tablist">
    …省略…
  </ul>
  <div id="tabpanel01" …省略… tabindex="0">タブパネル1</div>
  <div id="tabpanel02" …省略… tabindex="0">タブパネル2</div>
  <div id="tabpanel03" …省略… tabindex="0">タブパネル3</div>
</div>
```

`JQuery`

```
<script>
 document.addEventListener('DOMContentLoaded', function() {
    const tabs = document.querySelectorAll('.tab');
    const tabPanels = document.querySelectorAll('.tab-panel');

    tabs.forEach(function(tab) {
      tab.addEventListener('click', function() {
        const targetID = '#' + this.getAttribute('aria-controls');

        //いったんすべてのタブの選択を解除
        tabs.forEach(function(t) {
          t.setAttribute('aria-selected', 'false');
          t.setAttribute('aria-expanded', 'false');
        });

        //いったんすべてのタブパネルを非表示
        tabPanels.forEach(function(panel) {
```

334

```
        panel.setAttribute('aria-hidden', 'true');
    });

    //現在のタブを選択中に変更
    this.setAttribute('aria-selected', 'true');
    this.setAttribute('aria-expanded', 'true');

    //現在のタブパネルを表示
    document.querySelector(targetID).setAttribute('aria-hidden', 'false');
      });
    });
  });
</script>
```

　最後に、実際のタブ切り替えの機能をJSで実装します。タブをクリックした時に選択されたタブ／タブパネルにclass="is-active"を付け替える代わりに、aria-*属性の値を切り替えるようにしています。各タブ／タブパネルの選択／非選択時のスタイルはaria-*属性をセレクタとしてCSSで指定済みですので、これだけでビジュアルブラウザ／スクリーンリーダーの双方に対して選択状態を示すことができます。

　あとは表示されたタブパネル側にフォーカスを移動して中身を読みやすくするため、各タブパネルに対してtabindex="0"を指定しておけば、比較的軽微な対応でタブUIのアクセシビリティ対応が完了します。

コーディング実務とアクセシビリティ対応

　2024年4月1日から、障がい者に対する不当な差別取り扱いの禁止と合理的配慮の提供を、民間事業者に向けても「義務」とする改正障害者差別解消法が施行されています。これにより一般のWebサイトにおいても、ユーザーから改善を求められた場合、企業は合理的な範囲内でその要望に応える義務が生じることになりました。

　どこまでが「合理的」な配慮の範囲に含まれるかはそのサイトによって異なるでしょうが、少なくとも本書で紹介した程度の内容（特にHTML仕様の範囲内で対応できるレベルの配慮）であればどのようなWebサイトにとっても「合理的な配慮」と言えるのではないでしょうか。

　一方、SPAをはじめ動的に変化するコンテンツや高度な機能を盛り込んだWebサイト・アプリケーションを高い精度でアクセシビリティ対応するためには、深い知識とともに予算とスケジュールが必要であるのも事実です。制作者の側からしても負荷の高い、高レベルの対策を無償で行うわけにもいかないので、今後は最初の要件定義の段階でクライアントとの間でアクセシビリティに関する要件についてもしっかり取り決めを行い、通常制作の範囲内で行う対応と、別途予算とスケジュールを付けて対応するものを明確にしておくのがよいのではないかと思います。

CHAPTER 5　マークアップ

EXERCISE 05

アクセシビリティに配慮した
マークアップをマスター

Chapter5で学んだことを参考にして、
サンプルサイトのアクセシビリティを高める対策を行いましょう。

▶ 課題 | Task

　Chapter1〜4までのEXERCISEのサンプルサイトを再編集したデータを用意しているので、以下の「確認が必要な項目」について各自ソースコードをチェックし、必要なアクセシビリティ対策を施してください。

▶ 確認が必要な項目 | Note

❶ ロール属性
・全体のページレイアウト構成に対して適切なロール属性（暗黙のロールも含む）が設定されているか？

❷ アクセシブルな名前
・アクセシブルな名前が必須なロールである要素に適切な名前が設定されているか？
（各種ボタン・見出し・リンクなど）
・ナビゲーションロールが複数ある場合に識別するためのラベルが設定されているか？

❸ 読み上げ順
・セクション要素の冒頭が見出しから始まる構造になっているか？

❹ 装飾要素の読み上げ
・スクリーンリーダーに読ませる必要のない装飾的要素を隠す設定になっているか？

❺ **ナビゲーションの現在位置**
・ナビゲーション項目の現在位置をスクリーンリーダーに伝えているか？

❻ **動的要素の状態**
・動的に変化する要素の状態をスクリーンリーダーに伝えているか？

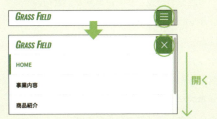

▶ 作業手順 | Procedure

❶対策が必要と思われると指摘された箇所のソースコードを確認する
❷必要と思われるアクセシビリティ対策を施す（ソースコード順の変更・WAI-ARIAの追加・その他関連するCSS・JSの変更など）
❸スクリーンリーダーで読み上げをしてみる
❹完成コード例を確認する

▶ 作業フォルダの構成 | Folder

```
/EXERCISE05/
├─ /1_working/
│    ├─ index.html ………… ★作業対象
│    ├─ /service/
│    │    └─ index.html（※余裕があれば）
│    ├─ /contact/
│    │    └─ index.html（※余裕があれば）
│    ├─ /img/
│    ├─ /css/
│    │    └─ common.css ……… ★作業対象
│    └─ /js/
│         └─ script.js ……… ★作業対象
└─ /2_completed/
```

作業上の注意

- この練習問題は専用の練習用サンプルコードを用意していますので、用意されているファイルを使って課題に取り組んでください（Chapter1〜4のコードとは微妙に異なります）。
- トップページを課題の対象としていますが、余裕のある人は /service/ と /contact/ のアクセシビリティ対策にも取り組んでみましょう。
- 本書ではWAI-ARIAのすべてを解説したわけではないため、課題にあたって情報が不足している場合があります。本書内にヒントが見当たらない場合は、WAI-ARIAの仕様書など外部の情報も検索してみてください。
- スクリーンリーダーで読み上げをする場合、MacユーザーはVoiceOver+ Safari、WindowsユーザーはNVDA + Chrome/Firefox を推奨します。（WindowsユーザーでPC-Talkerを試したい場合は無料のクリエイター版をインストールするとよいでしょう）
- NVDA日本語版のダウンロード：https://www.nvda.jp/
- クリエイター版PC-Talker Neo Plusのダウンロード：https://www.aok-net.com/pctksdk.htm

参考文献

- WAI-ARIA1.2
  https://www.w3.org/TR/wai-aria-1.2/
- WAI-ARIA 1.2 日本語訳
  https://momdo.github.io/wai-aria-1.2/
- WAI-ARIAの基本
  https://developer.mozilla.org/ja/docs/Learn/Accessibility/WAI-ARIA_basics
- ARIA Authoring Practices Guide (APG)
  https://www.w3.org/WAI/ARIA/apg/
- DIGITAL A11Y
  https://www.digitala11y.com/
- エー イレブン ワイ［WebA11y.jp］
  https://weba11y.jp/
- 基本的なフォームのヒント
  https://developer.mozilla.org/ja/docs/Web/Accessibility/ARIA/forms/Basic_form_hints
- はじめてみよう！お問い合わせフォームのウェブアクセシビリティ対応の方法
  https://ics.media/entry/201016/

CHAPTER

6

総合演習

Comprehensive Exercise

イチから1人でWebサイトのコーディングを担当する場合、HTML/CSSの技術だけではなく、各種の仕様・条件の確認から、素材の書き出し、開発環境の構築、コンポーネントの設計など、様々な周辺知識や経験が必要となります。Chapter6では、実務に近いデータや情報を元に1つのサイトを組み上げることができるよう、総合的な演習教材を用意しました。本書の総まとめとして各自で実際にイチからの構築にチャレンジしてみましょう。

LESSON 23

オリジナルサイトを構築する

Chapter6 はここまでの総仕上げとして、小規模な Web サイト全体を一から構築する総合的な演習問題に取り組んでもらいます。構築する上での手順や考え方、注意すべきポイントに絞って解説を加えますので、実際の構築は各自で取り組んでみましょう。

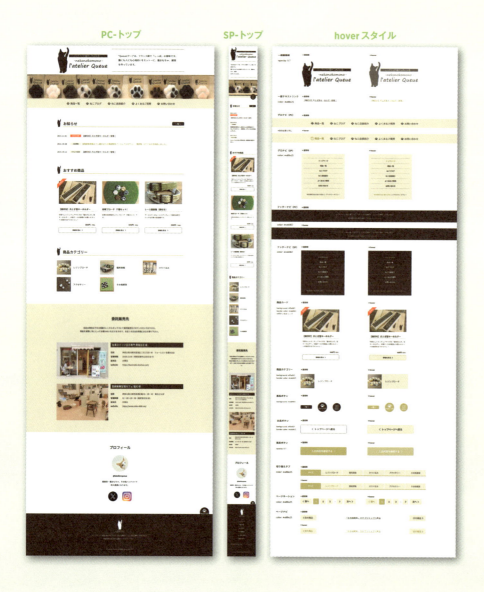

サイト仕様や動作保証環境などを確認する

一からWebサイトを構築する場合、事前に確認すべきことがたくさんあります。今回のオリジナルサイトは以下の仕様で構築するものとしますので、確認しておきましょう。なお実際の案件でこのような情報がない場合には、できる限り事前に情報収集するようにしましょう。

サイト概要

今回作成するサンプルサイトは、以下のようなものです。

表23-1 サイト概要

クライアント名	l'aterier Queue（アトリエ・クー）
サイト内容	ハンドメイド猫グッズの販売、情報提供
構築環境	WordPress（※買い物かごのみ組み込み、カート機能は外部ASPを利用）
最終納品物	WordPress開発用のためのモック用静的ファイル一式

今回のポイントは、お知らせ、商品一覧、ブログといった日々の更新が必要となるコンテンツをクライアント自身で更新できるよう最終的にWordPress（クラシックテーマ）で構築するという点です。ただし、本書ではWordPressで構築することを前提とした**「静的モック」**を作成するところまでを課題とします。

> **Memo**
>
> この課題に取り組むにあたってWordPressのテーマ構築自体の知識は必ずしも必要ありませんが、WordPressのクラシックテーマ作成方法を理解していたほうがやりやすいのは確かです。本書ではWordPressの解説はしませんが、まったく知らないという方は概要だけでも勉強することをお勧めします。

/ **Point**

モック制作とWordPress構築の分業

WordPressのテーマは、現在「ブロックテーマ」と「クラシックテーマ」の2種類に大きく分かれています。両者は概念レベルで根本的に大きく異なり、制作ワークフロー自体もかなり変わってきます。静的HTMLでモックを制作してから、それを元にWordPressテンプレートとして構築するというワークフローは基本的に「クラシックテーマ」を前提とした分業体制をとっている現場でのやり方です。今回はそのような現場でのモック制作工程を担当すると考えてください。

CHAPTER 6　総合演習

▶ ディレクトリ一覧

今回は小規模とはいえ、商品一覧／詳細、ブログ、問い合わせなど一通りのコンテンツを揃えたWebサイトなので、作成すべきモックのページ数は13画面分です。

必要になる画面は以下の通りです。

表23-2 ディレクトリ一覧

ID	ページ名	パス	モックファイル	種別
1	トップページ	/	/	固定ページ
2	商品一覧（カテゴリ別）	/products/カテゴリ名/	/products/	カスタム投稿
3	商品詳細	/products/カテゴリ名/商品ID	/products/detail.html	カスタム投稿
4	ブログ一覧	/blog/	/blog/	投稿
5	ブログ詳細	/blog/YYYY/MM/POST-ID	/blog/detal.html	投稿
6	ねこ店員紹介	/staff/	/staff/	固定ページ
7	よくあるご質問	/faq/	/faq/	固定ページ
8	お問い合わせ	/contact/	/contact/	フォーム
9	お問い合わせ - 確認	/contact/	/contact/confirm.html	フォーム
10	お問い合わせ - 完了	/contact/thanks	/contact/thanks.html	固定ページ
11	特定商取引法に関する表示	/law/	/law/	固定ページ
12	プライバシーポリシー	/privacy/	/privacy/	固定ページ
13	404ページ	/404	/404.html	固定ページ

デザインカンプ

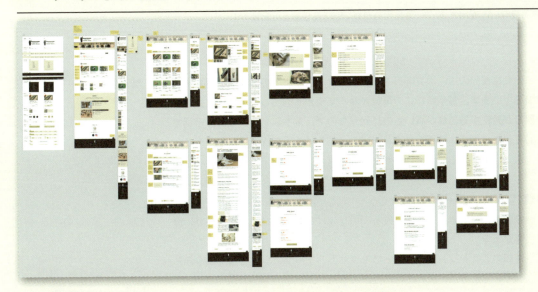

　全画面分のデザインカンプはダウンロード用データ内にXD・Figmaで用意してあります。hover時のスタイル一覧も用意してありますので、CSS設計時の参考にしてください。(※上図はXDの画面)

サイト・コーディング仕様

　モック制作の前提となる情報は以下の通りです。

表23-3 仕様一覧

ドメイン（取得予定）	latelier_queue.jp
CMS	WordPress
カート機能	外部ASPを契約。カート機能のみテンプレートに埋め込み
クライアントの利用エディタ	Classic Editor（リッチテキストエディタ）※ ITリテラシーが高くないことを想定
コーディング規約	MindBEMing ※ただしクライアント投稿箇所を除く
動作保証環境（OS）	Windows11／MacOSX 16〜／Android8〜／iOS16〜
動作保証環境（ブラウザ）	Chrome/Firefox/Safari/Edge 制作時点の最新版のみ
特記事項	IE11は対応不要

アクセシビリティ対応	JIS X 8431-3:2016 達成基準 レベル A に準拠（※）
納品後の CSS 運用方法	運用担当者が CSS を直接触る可能性あり

（※）…https://waic.jp/files_cheatsheet/waic_jis-x-8341-3_cheatsheet_201812.pdf

　この仕様情報の中には実際のコーディングを行う上での様々な重要な情報が潜んでいます。着手時にこの情報がなくて後から判明した場合には**大きな手戻りが発生する恐れが高い**ものばかりなので、着手前までには必ず確認する必要があります。確認を怠ることによって生じる可能性があるリスクとして、以下のようなものが挙げられます。

●CMSと利用エディタの種類
→動的出力箇所とそうでない箇所の切り分けが必要になり、各種設計に影響が出る
→情報のエントリー方法によってモック上のマークアップ方法、CSSのスタイル指定方法が変わる可能性がある

Point

WordPress のエディタ

特に WordPress の場合、ブロックエディタ前提なのか Classic エディタ前提なのかの情報は必須となります。決まらない限り、着手不能レベルと考えておいたほうがよいです。

●コーディング規約の有無
→後から規約が判明すると影響範囲が大きく、手戻り・ミスの原因となる

●動作保証環境
→利用できる技術の選定に影響する。IE対応は不要になったが、iOSのバージョンによってはまだ使えない技術もあるため、事前の確認は必要。

●アクセシビリティ対応
→求められる対応レベルの認識にズレがあると手戻りが発生したり逆に手間をかけすぎて問題となる

●納品後CSS運用方法
→運用段階でCSSを直接触る可能性がある場合、Sassなどを利用するとしても最終出力されるCSSの可読性に一定の配慮が必要になる（最初からCSSでの作成を求められることもある）

実際にコーディングする際には、これらの条件を考慮し、過不足のない技術選定を行うようにするとよいでしょう。なお、今回はWordPress構築のためのモック作成なので、納品物はHTML／CSS／JS／画像ファイル一式のみという前提です。手元の開発環境自体は問いませんので、各種タスクランナーやビルドシステムを利用したい方は自由に利用してください。

構築の手順

　各種条件を確認したら、実際に構築を開始します。多少前後してもかまいませんが、概ね次のような手順で進めていくとよいでしょう。

❶ サイト共通のフォーマットレイアウト箇所を切り分ける

▼

❷ 汎用的なコンポーネントと、ページ独自のコンポーネントを切り分ける

▼

❸ CMSからの動的出力となる箇所と、そうでない箇所を切り分ける

▼

❹ 以上❶〜❸を踏まえて大まかなコンポーネント設計を考えておく

▼

❺ コーディングに必要な画像素材を書き出す

▼

❻ 共通のレイアウトフォーマットから実装する

▼

❼ 基本的な汎用コンポーネントをまとめて実装する

▼

❽ 各ページの構築を順次進める

　デザインカンプが概ね出揃っている案件の場合、ページ全体の構造を把握しやすくするため、各ページ上のパーツを以下のように大きく3種類くらいに分類して洗い出しておきます。

- 全体レイアウト（ヘッダー／フッター／コンテンツエリアなど各ページ共通のレイアウト箇所）
- 汎用コンポーネント（見出し／ボタン／タグ／リスト／カードなど）
- 独自コンポーネント（ページ独自のコンテンツ類）

コンポーネント切り分け例（抜粋）

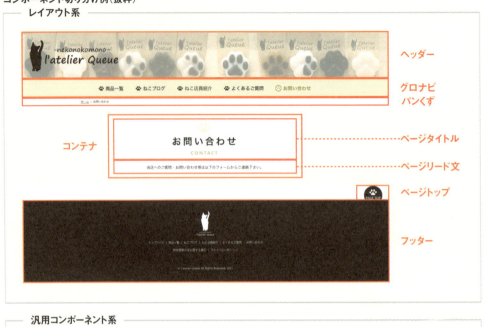

　こうした分類はブロック名を考えるときの方針に直結します。例えばレイアウト系の場合はheader, footerといったレイアウトした際のエリア名、汎用系はbutton, heading, tagといった役割や形状を表す一般名称、独自系はそのコンテンツに由来する固有の名称をベースとする、といった具合です。

動的出力箇所の切り分け（手順❸）

　今回のサイトはWordPressのクラシックテーマで構築するので、テンプレート側にベタ書きするため自由にHTMLを書ける箇所と、管理画面からデータ登録したものをWordPressが動的に出力する箇所をあらかじめ切り分けておく必要があります。WordPressにおける画面は大きく**「投稿」**と**「固定ページ」**に分類されますが、基本的にこのうち「投稿」の情報を表示する部分が動的出力箇所として特に注意すべき箇所となります。

　今回の場合はディレクトリ一覧（表23-2）で「投稿／カスタム投稿」となっているブログ・商品画面が動的出力の対象となります。

　また、投稿の詳細画面についてはさらに「定型フォーマットエリア」と「フリー入力エリア」に分類され、それぞれマークアップ方法やCSS設計上の注意すべき点が変わるので、その点も意識しておく必要があります。

> **Memo**
> このあたりの考え方はあくまでクラシックテーマで構築する場合の手順であることを理解しておいてください。
> また、今回は投稿エリアに関してもクラシックエディタを利用する前提ですので、ブロックエディタ（Gutenberg）を利用する前提の話は本書では割愛します。

動的出力箇所
 DBからの動的出力エリア　　定型フォーマットエリア　　フリー入力エリア

トップページ

ブログ一覧

商品一覧

ブログ・商品紹介

▶ マークアップ準備（手順④〜⑤）

　全体の大まかな分類状態を把握したら、**骨格となるマークアップ（見出し・セクション・レイアウト構造）と大きなブロックの命名**をしておきましょう。頭の中だけで完結できない場合はカンプを紙に出力してメモを取ると整理しやすくなります。また、同時に**画像素材の命名**と書き出しも済ませておきましょう。HTMLを書く段階で素材が揃っていないと手が止まってしまいますので、先に済ませてしまうことをお勧めします。

　なお、CMS案件の場合、画像素材についても「動的素材」と「静的素材」を分類しておく必要があります。静的素材はテンプレートにベタ書きする箇所で使うロゴ／アイコン／写真素材など、テーマ側で管理するもの、動的素材はユーザーが管理画面からデータベース登録したメディア素材を出力するものです。今回のサンプルサイトの場合であれば商品一覧・ブログ一覧で使用しているサムネイル画像と、商品詳細・ブログ詳細のコンテンツエリアにある画像はデータベースから出力される動的素材、残りはすべてテーマ側で管理する静的素材となります。

　モック制作の段階では動的素材についてはすべてダミーなので、後でテーマファイルから簡単に捨てられるようにdmy_で始まる名称にしておくなど、ダミー素材だとわかるようにしておくことを推奨します。

> **Memo**
>
> ダウンロード用素材の中には画像素材を書き出したものも参考として入れてありますが、画像をどう書き出すかはコーディング方法と密接に関わっていますので、可能であれば各自でデザインカンプから必要な素材を書き出すようにしてみてください。

▶ コーディング（手順⑥〜⑧）

　準備が出来たらいよいよコーディングです。手順としては**共通レイアウト→汎用コンポーネント→各ページの順**で進めるとよいでしょう。共通レイアウトは全ページで使用するものとなりますので、**ベースができたらいったん文法チェック、各種ブラウザでの表示／動作確認**を済ませておくことが重要です。また、今回は規模が小さいので不要かもしれませんが、ある程度の規模のサイトの場合、ページの制作とは別に「コンポーネント一覧」として資料ページを作成し、各ページコンテンツを作成する際にコピペで流用できるようにしておくとよいでしょう。

　あとはひたすら必要になるコンポーネントを追加しながら各ページを構築していくだけです。

　各ページコンポーネントについては、Chapter1〜5までのサンプルやEXERCISEなどが参考となるものもありますので、使いまわせそうなものがあれば流用してしまいましょう。

▶ 注意が必要なコンポーネント

　今回のサンプルサイトの各コンポーネントは、基本的にChapter1〜5の課題にしっかり取り組んできた方であれば特別難易度が高いものではありません。しかし、「CMS構築用のモック」であるという点でこれまで解説してきた内容とは異なる視点で取り組まなければならないものがいくつかあります。実際に課題に取り組んでもらう前に、そのような注意が必要なコンポーネントについて解説しておきます。

▶ CMSの標準機能やプラグインを利用する前提のパーツを確認

　CMS構築の場合、いくつかの機能的なパーツについてはCMS側が用意している関数やプラグインでの実装を検討する場合があります。こうしたものは基本的に**HTML構造やclass名などが決まっていることが多い**ため、それらをどこに利用するのか事前に確認し、必要であれば出力されるHTMLソースを支給してもらう必要があります。今回のようなシンプルな構成のサイトの場合、パンくず、ページネーション、記事の前後移動、問い合わせフォーム、表組みなどでそのような機能的なパーツが利用される可能性が高くなります。

　今回の場合は商品一覧・ブログ一覧画面の**ページネーション**箇所で、WordPress標準の「the_posts_pagination()」関数を使用する予定です。従ってこのパーツのマークアップについては独自に考えるのではなく、関数から出力されるコードを使ってスタイルを整えるようにしてください。今回のサンプルではコード指定があるのはここだけですが、基本的にシステム都合でコードに制約が出る場合は、それに従う必要があるので注意が必要です。

> **Memo**
>
> こうした確認作業は静的モック作成とWordPress構築が分業化されている場合に必要なものになります。

ページネーションとその指定コード

| < 前へ | 1 | 2 | 3 | … | 7 | 次へ > |

CHAPTER 6　総合演習

349

```html
<nav class="navigation pagination" role="navigation">
  <h2 class="screen-reader-text">投稿ナビゲーション</h2>
  <div class="nav-links">
    <a class="prev page-numbers" href="#">前へ</a>
    <span aria-current="page" class="page-numbers current">1</span>
    <a class="page-numbers" href="#">2</a>
    <a class="page-numbers" href="#">3</a>
    <span class="page-numbers dots">…</span>
    <a class="page-numbers" href="#">7</a>
    <a class="next page-numbers" href="#">次へ</a>
  </div>
</nav>
```

/ Point

プラグインを利用する際の注意

こうした関数やプラグインを利用する箇所については、サイト全体のCSS設計方針と食い違ったり、中にはセマンティクスやアクセシビリティ、文法的に問題のあるコードが含まれている場合もありますが、そうした点についてはシステム都合ということで目をつぶることになってもやむを得ないでしょう。

➡ リピート出力箇所の制約に注意する

特にアーカイブ系の画面（投稿した記事の一覧を出力する画面）では**一定のパターンで機械的にリピート出力することを前提としたHTML/CSS設計にしておくことが必要**です。こうした箇所は機械的に処理をするため、

- 項目ごとに異なるclassをつけるような前提で作らない（連番や同じ場所に交互にclassをつけるなど、規則的にパターン処理できる形ならOK）
- レスポンシブ時にソースコードを変更するような前提で作らない
- 出力される項目数は変動する前提で考える

といった制約があります。コーディング時に気を付けることは当然ですが、中にはデザイン自体がこの制約下では再現できないものになっている場合もあるため、そうした場合はデザイナーと協議してデザインのほうを修正してもらう必要が生じる場合もあります。

リピート出力範囲の例

```html
<dl class="news">
    <!-- リピート出力のブロック範囲 -->
    <div class="news__item">
        <dt class="news__date"><time>2021-11-01</time></dt>
        <dd class="news__data">
            <span class="tag tag--new">新商品情報</span>
            <a href="/blog/detail.html" class="news__link">【焼印付】爪とぎ型キーホルダー登場！
</a>
        </dd>
    </div>
    <div class="news__item"> 〜省略〜 </div>
    <div class="news__item"> 〜省略〜 </div>
</dl>
```

➡ 管理画面の入力項目設計次第でマークアップできる範囲が変わる

　CMSなどのシステム系案件の場合、管理画面から入力した項目がデータベース（以下DB）に格納され、その情報を引っ張ってきてテンプレートの指定箇所に出力します。従って**DBにどのようなデータが格納されているのかによって、受け皿となるマークアップを変える必要が出てきます**。厳密にマークアップしようと思っても、そもそも管理画面側に対応する入力項目が用意されていなければどうしようもありませんし、1つの枠内にHTMLソースを入力してもらう前提でいたとしても、ユーザーのスキルレベル的にそれが困難であれば、場合によってはマークアップ自体を諦めざるを得ない場合もあります。DBの入力項目情報が事前に共有されていない場合は、必ず確認するようにしておきましょう。

Memo

逆に指定のHTMLソース構造ごとDB登録してもらうことができるのであれば、それを前提とした設計にすることも可能です。いずれにせよ何が可能なのかはコーディング側では決められないので、都度確認することが重要です。

DBからの出力イメージ
▼1項目ずつ細かくデータが分かれてDB登録されている場合

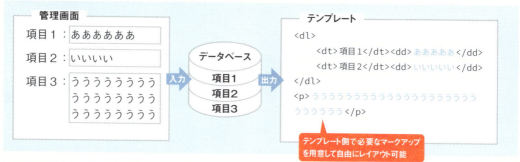

▼複雑な構造なのにデータ枠が1つしかない場合

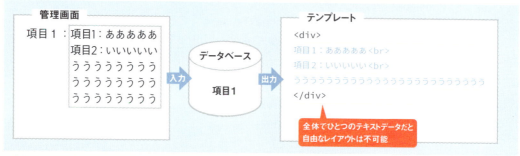

※入力側でHTMLマークアップされたデータを登録すればレイアウトは可能ですが、
　データ登録者にHTMLの知識が必要となります

　今回のサンプルサイトの場合、商品詳細・ブログ詳細の画面についてはそうしたDB設計を意識したマークアップ・CSS設計をする必要があります。以下は各画面でのDBフィールド範囲を示したものになります。

DBからの出力イメージ

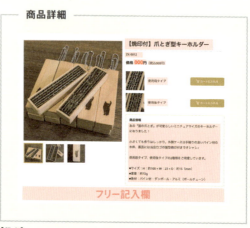

【備考】
・税込価格…税抜き価格から自動計算した値を出力
・カートボタン…各カートボタンごとに仕込むhidden情報がDB出力対象

➤ 投稿本文（フリー入力エリア）の入力方法がどうなるのか確認する

CMS用のモックを作成するとき、必ず確認するのが**ユーザーによる投稿本文の入力方法**です。現状、WordPressの場合はおおよそ次のようなパターンに分かれており、どの方法で本文入力するのかによって本文エリアで実現できるデザインやマークアップ／CSS設計がまったく変わってきます。

❶ Classic Editorでビジュアルモードを使う
❷ Classic Editorでテキストモードを使う
❸ ブロックエディタで標準ブロックのみを使う
❹ ブロックエディタでカスタムブロックも使う

エディタの種類によって実現できることがまったく変わってくるため、**どの方法を使って運用するのかはあらかじめクライアントと同意しておくべき項目です**。入力方法が確定したら、コーディング担当者はその特性に応じたHTML/CSS設計でモックを作成することになります。

現在WordPressはブロックエディタ（Gutenberg）が標準です。Word的な感覚で使用できるClassic Editorは2022年末でサポートが終了するとされていましたが、その後少なくとも2024年まで、または必要なくなるまでの間は完全に保守・サポートされると方針が変更されました。

全体としてはブロックエディタが採用されることが多くなってきていますが、サポートが延長されたことにより一部ではClassic Editorが使用され続けることになる可能性もあり、当面の間はWordPressを前提とした案件を担当する場合にはどちらを使うのかの確認が必要となる状況は続くものと推測されます。

今回のサンプルサイトでは、❶の「Classic Editorでビジュアルモードを使う」を前提としています。この場合、投稿画面から入力できるのは見出し・段落・箇条書き（ul/ol）・表組み・引用・画像といった基本要素と、太字（strong）・斜体（i）・下線（u）・リンクといった限られたインライン指定のみとなり、**原則としてclassは使わず要素の挿入だけで適切なスタイルが適用されるようにしておく必要があります。**

Chapter4で学習したCSS設計であれほど「要素に直接スタイルを指定してはいけない」と言ってきたにもかかわらず、CMSの本文入力エリアに関しては真逆で「要素に直接スタイル指定しなければならない」となるので、慣れないと違和感があるかもしれませんが、そのあたりは柔軟に対応するようにしましょう。

なお、投稿本文エリア以外では要素に直接スタイルを当てない設計を徹底しているはずなので、特定領域内だけ要素にスタイル指定を当てること自体は難しくはありません。投稿本文エリアを指定するためのdiv枠にそれ用の

Memo

Classic Editorでもテキストモードに切り替えてソースコードでclassを入力すればもちろん使えますが、ビジュアルエディタを使うということは技術者ではなくITリテラシーがそれほど高くない一般ユーザーを想定しているため、classを使わせるのはやむをえない場合の例外としたほうがよいでしょう（このあたりの加減はクライアントの意向次第なので相談が必要です）。

CHAPTER 6　総合演習

classを設定し、以下のように子孫セレクタでスタイル指定しておけば問題ありません。

```css
/* 投稿本文エリア用class = post-body の場合 */
.post-body h2 { ...大見出しのスタイル...}
.post-body p {...段落のスタイル...}
.post-body ul > li { ...リストのスタイル ...}
//以下略
```

それよりも、要素同士の余白リズムをclassを使わずにどう指定するかを考えるほうがおそらく難しいでしょう。どの要素がどういう順番で入力されるのかはまったくわからないので、何がどうなってもデザインで意図した余白を確保できるよう、セレクタを工夫しておく必要があります。

原則として要素にclassはつけない方針なので、隣接セレクタ、間接セレクタ、子セレクタ、全称セレクタ、:first-child、:last-child、:not()などの擬似クラスなどを総動員して検討することになるかと思われます。これに関しては是非各自で試行錯誤してみてください。

Point

その他の注意事項

その他サンプルサイトを制作する上で必要になると思われる情報はダウンロード用データのフォルダ内に資料を用意してあります。また、デザインカンプ上にも細かい注意点を書いてあるので、よく読んで課題に取り組んで下さい。この最終課題は実際の実務で依頼されるレベルのボリューム・難易度を意識しているので、できる限り自力でチャレンジしてみましょう！

▶ 作業フォルダの構成　　　　　　　　　　　　　　　　　　　Folder

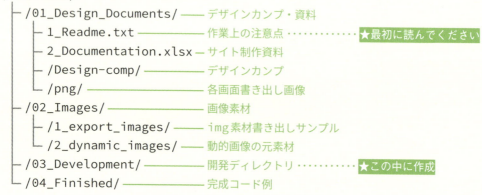

用語索引

アルファベット

A

accept 属性·····192
after 擬似要素·····62, 260, 253
align-items プロパティ·····52
alt 属性·····302
aria-* 属性·····311, 316
aria-controls 属性·····316, 327
aria-current 属性·····316
aria-describedby 属性·····316
aria-expanded 属性·····316, 327, 334
aria-hidden 属性·····316, 323, 327, 334
aria-label 属性·····316, 318
aria-posinset 属性·····316
aria-selected 属性·····316, 334
aria-setsize 属性·····316
arial-abelledby 属性·····320
article 要素·····295
aside 要素·····295
aspect-ratio·····90, 100
auto-fill／auto-fit·····67
a 要素·····227, 312

B

background-image プロパティ·····100
background-size プロパティ·····100
before 擬似要素·····63, 97
BEM·····211, 213
Block·····213, 222, 229, 259, 277, 280
box-sizing プロパティ·····10
button 要素·····178, 180, 309, 312

C

calc()·····19, 126, 128, 148
capture 属性·····192
clamp()·····27
class·····236
column-reverse·····111
content-box·····18
CSS 変数·····30

D・E

display: block·····45, 47
display: contents·····201
display: flex·····49
display: grid·····53
display: inline·····44, 47
display: inline-block·····46, 47
display: none·····184
display プロパティ·····43, 15
div 要素·····91, 283, 312
Element·····214, 223, 277, 280
em·····22

F

fieldset 要素·····197
Figma·····12
flex-direction プロパティ·····52, 76, 111, 112
flex-shrink·····105
flexbox（レイアウト）·····17, 49, 57, 72, 103
float レイアウト·····17, 71, 103
FLOCSS·····212
focus 擬似クラス·····187
font-size·····29, 148
footer 要素·····294
for 属性·····182
fr·····65

用語索引

G

gap プロパティ	58
Google Map	92
grid-template-rows プロパティ	56
grid（レイアウト）	17, 53, 64, 72, 78, 103
gridtemplate-columns プロパティ	56

H・I・J

header 要素	294
height	17, 92, 132
id 属性	182
iframe 要素	92
img 要素	93, 98
input 要素	178, 184, 309
justify-content プロパティ	52, 113

L

label 要素	182, 196, 318
legend 要素	197
line-height	26
linear-gradient()	134
li 要素	26, 227, 312

M・N

main 要素	294
margin	15, 95, 126, 267, 269, 274, 276, 280
margin-bottom	262, 267, 274
margin-left	126, 147
margin-top	262, 267, 275
max-content	66
max-width	15
max()	27
min-content	66

min()

min()	26
minmax	66
mixin	29
Modifier	214, 218
nav 要素	295, 312

O

object-fit	102, 146
object-position	146
OOCSS	210
option 要素	188
overflow-x: auto	165, 168
overflow: hidden	127

P

padding	19, 95, 127, 170, 269, 272
padding-left	147
padding-top	94, 723
picture 要素	140
placeholder 属性	176
position: absolute	95, 132, 151, 187, 265
position: sticky	158
px	20, 29

R

rem	23, 29
required 属性	176
role 属性	311, 312, 331
row-reverse	112

S

Sass	218
section 要素	237, 295

select 要素	177, 188
SMACSS	211
space-around	78
space-between	59, 78
space-evenly	78
style 属性	100
subgrid	67

T・U

tabindex 属性	309
table 要素	158
tablist	331
tbody 要素	163
text-transform プロパティ	302
title 属性	318
title 要素	292
type 属性	143, 171, 181
ul 要素	226, 312

V・W

value 属性	179
vh	23
viewport	9, 25
Visual Studio Code	8
vmax／vmin	24
vw	23, 132, 137, 144
WAI-ARIA	311
width	15, 17, 92, 132
WordPress	341

X・Y・記号

XD	12
YouTube	92
%	17, 21

五十音

あ行

アイテム	59
アダプティドレイアウト	39
エディタ	8

か行

可変レイアウト	17
カラム	14, 38, 57, 116
擬似要素	96, 130
均等配置	76
グラデーション	132
グローバルナビ	226
固定レイアウト	39
コンテナ	49, 124
コンポーネント	209, 213, 254, 286, 349

さ行

サムネイル	98, 297
上下左右中央揃え	79
シングルクラス	239
スキップリンク	294
絶対配置	130
セパレーター	215
セマンティック	291
セレクトボックス	188
選択肢	177
送信ボタン	178
段組み	14, 33

用語索引

た行・な行

チェックボックス	182
テキストボックス	169
デザインカンプ	12
デスクトップファースト	33
ネガティブマージン	61, 117

は行

ハンバーガーボタン	225
表組み	158, 202
ファイルアップロード	191
フォーム	169, 197, 202
フルードイメージ	16
ブレイクポイント	35
ブロークングリッド	135
ブロックレベル	91
ボタン	239
ボックスモデル	10

ま行

マークアップ	290, 348
マルチクラス	239, 243
見出し	256, 293
命名	209, 247
命名規則	215
メディアカード	103
メディアクエリ	33, 65
文字サイズ	169
モバイルファースト	33

や行

ユーティリティclass	253, 282, 285
余白	267, 274, 285

ら行

ラジオボタン	182
リセットCSS	9
ルート要素	32
レスポンシブ対応	9, 51, 85, 153, 158

著者プロフィール

草野あけみ
Akemi Kusano

愛知県出身。早稲田大学第一文学部卒業後、いったんは地元愛知県の公立高校世界史教員として勤務。その後岐阜県立国際情報科学芸術アカデミー（IAMAS）でデジタルクリエイティブを学び、2000年からリクルート関連子会社にてWeb制作に従事。2004年よりWebサイトコーディングの受託制作をメインとするフリーランスとして活動中。屋号も独自ドメインも公式サイトも持たない奇跡のフリーランス（良い子は真似しちゃダメ）。
X（旧Twitter）：@ake_nyanko
note：https://note.com/ake_nyanko/m/m87689a9660d0

制作スタッフ

装丁・本文デザイン	山浦隆史
カバーイラスト	髙城琢郎
編集・DTP	リブロワークス

編集長	後藤憲司
担当編集	熊谷千春

プロの「引き出し」を増やす

HTML+CSS コーディングの強化書　改訂2版

2024年9月1日　初版第1刷発行

著者	草野あけみ
発行人	諸田泰明
発行	株式会社エムディエヌコーポレーション
	〒101-0051　東京都千代田区神田神保町一丁目105番地
	https://books.MdN.co.jp/
発売	株式会社インプレス
	〒101-0051　東京都千代田区神田神保町一丁目105番地
印刷・製本	中央精版印刷株式会社

Printed in Japan
©2024 Akemi Kusano. All rights reserved.

本書は、著作権法上の保護を受けています。著作権者および株式会社エムディエヌコーポレーションとの書面による事前の同意なしに、本書の一部あるいは全部を無断で複写・複製、転記・転載することは禁止されています。

定価はカバーに表示してあります。

カスタマーセンター

造本には万全を期しておりますが、万一、落丁・乱丁などがございましたら、送料小社負担にてお取り替えいたします。お手数ですが、カスタマーセンターまでご返送ください。

[落丁・乱丁本などのご返送先]
〒101-0051　東京都千代田区神田神保町一丁目105番地
株式会社エムディエヌコーポレーション カスタマーセンター
TEL：03-4334-2915

[書店・販売店のご注文受付]
株式会社インプレス 受注センター
TEL：048-449-8040　FAX：048-449-8041

内容に関するお問い合わせ先

株式会社エムディエヌコーポレーション カスタマーセンター メール窓口

info@MdN.co.jp

本書の内容に関するご質問は、Eメールのみの受付となります。メールの件名は「HTML+CSSコーディングの強化書　改訂2版　質問係」、本文にはお使いのマシン環境（OS・Webブラウザそれぞれの種類とバージョンなど）をお書き添えください。電話やFAX、郵便でのご質問にはお答えできません。ご質問の内容によりましては、しばらくお時間をいただく場合がございます。また、本書の範囲を超えるご質問に関しましてはお答えいたしかねますので、あらかじめご了承ください。

ISBN978-4-295-20673-6　C3055